总主编 周卓平 蒋 柯

做情绪的主人

情绪管理与健康指导手册

第七册

婚姻与家庭

本册主编 陈 莉 邹 洋

上海教育出版社
SHANGHAI EDUCATIONAL
PUBLISHING HOUSE

目录

解密亲密关系

【知识导图】

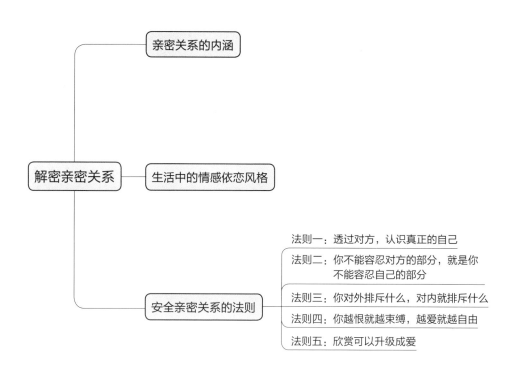

亲密关系的内涵

人与人之间的亲密关系种类多样，风格各异。虽然每个人的亲密关系都是与众不同而又独一无二的，但其中还是有一些共同的倾向。许多人把需求和感觉当作爱；许多人相信，争吵时一定有一方对一方错；许多人经常想操纵或控制另一半；感情遇到瓶颈也是常事；许多人甚至害怕爱和亲密的关系！当你了解这些共同倾向的由来之后，你就可以采取实用的原则，并依据个人状况来解决亲密关系问题，使亲密关系升华成一种全新的爱的体验。

亲密关系究竟是什么？亲密关系有广义和狭义之分。广义的亲密关系指双方在情感方面相互依存，与重要他人建立密切而互相依存和信任的关系。重要他人通常包括：父母、子女、朋友、爱人等。与之不同的是，狭义的亲密关系特指浪漫关系，通常指情侣关系或者夫妻关系，关系的双方通常是异性男女。

研究者和普通人都认为，亲密关系和

泛泛之交至少在了解、关心、相互依赖性、相互一致性、信任和承诺这六个方面存在程度差异。美国著名心理学家罗兰·米勒（Rowland Miller）提出亲密关系具有以下四方面性质。

第一，广泛而私密的了解。亲密关系双方，即伴侣之间有广泛而私密的了解。他们熟知彼此的经历、爱好、情感和心愿，而且一般不会把这些信息透露给其他人。亲密关系双方关心彼此，能从对方身上感受到更多的关爱。如果个体认为自己的伴侣了解、理解和欣赏自己，那么个体与伴侣之间的亲密程度就会增加。

第二，生活交织在一起。亲密关系双方的生活是交织在一起的，一方的行为会影响另一方的行为。亲密关系双方的相互依赖是指他们彼此需要并深受对方影响，这种相互依赖是频繁的、强烈的、多样的和持久的。当亲密关系双方彼此依赖，生活交织在一起时，一方的行为在影响对方的同时也会受对方的影响。由于这种紧密的联系，亲密关系双方常认为他们是天造地设的一对，而不是两个完全分离的个体。他们表现出很高的相互一致性，这意味着他们认同双方在生活上的融合，自称为"我们"，而不是"我"和"他"或"她"。

第三，信任和期待。亲密关系双方彼此信任，并期待对方会善待和尊重自己，这是亲密关系保持的关键。人们相信亲密关系不会带来伤害，并期待伴侣能满足自己的要求，关注自己的幸福。如果丧失了这种信任，亲密关系双方也常常会变得互相猜忌与怀疑，这会损害亲密关系特有的坦诚和相互依赖。

第四，承诺。亲密关系双方通常会给对方承诺，承认并维持双方的亲密关系。处于亲密关系中的双方，都希望他们的亲密关系能持续到地老天荒，并为此不惜投入大量的时间、人力和物力。

然而，上述四方面亲密关系的性质未必全部出现在亲密关系中，任何一方面性质都可以单独出现在亲密关系之中。例如，一对单调乏味、缺少情趣的夫妻相互依赖程度可能很高，彼此拥有广泛而私密的了解，生活交织在一起，在日常生活琐事上有紧密的合作，但却缺少信任，在生活中不关爱彼此，处于坦诚或信任的心理荒漠中。他们当然比一般的熟人要亲密，这是毫无疑问的，但是他们会觉得彼此不如过去（比如，他们决定结婚时）那般亲密了，那时他们的亲密关系中存在更多亲密的成分。一般而言，最令人满意和最有意义的亲密关系应当包括所有亲密关系四方面性质。如果亲密关系只有部分性质，亲密关系的程度就减弱了，正如不幸福的婚姻揭示的那样。在整个亲密关系存在的过程中，亲密关系的程度波动极大。

记下你的心得体会

【知识卡】

《亲密关系》

《亲密关系》一书由美国著名心理学家罗兰·米勒著。米勒教授是美国心理学教授，因教学与研究优秀曾获人际关系研究国际协会的教学奖。

亲密关系是人类经验的核心，处理得好能给人带来极大的快乐，处理得不好则会给人带来重大创伤。科学地认识亲密关系，关乎每个人的幸福。亲密关系与泛泛之交有什么区别？大丈夫与小女子真的般配吗？吸引力的秘密是什么？男人与女人真的是不同种类的动物吗？同性恋是由基因决定的吗？单亲家庭的孩子长大后更容易离婚吗？什么是爱情？爱情由什么构成？能持续多久？两性在发生一夜情及选择终身伴侣上有什么差异？爱情和性欲是由不同的脑区控制的吗？亲密关系满足的秘诀是什么？有什么方法能让婚姻持续一生？在《亲密关系》这本书中，对上述这些问题作了回答。《亲密关系》澄清了通俗心理学所宣扬的经验之谈和错误观点。《亲密关系》一书是将爱情与科学、情感与理性、通俗性与学术性、理论性与实践性完美结合的百科全书式的两性心理学专著。

生活中的情感依恋风格

依恋的概念可以追溯到奥地利精神病学家、精神分析学派创始人弗洛伊德（Sigmund Freud）。弗洛伊德认为，两个个体之间开始时间最早，持续时间最长的依恋关系就是婴儿与母亲的依恋，婴儿与母亲之间的关系将成为婴儿今后生活中与人交往的范式。英国精神分析师鲍尔比（John Bowlby）指出，在一种健康的依恋关系中，个体可以通过依恋对象建立健康的依恋能力，从而提升自我的独立性，以探索更大的世界，获得成功。而就依恋风格而言，成人依恋主要表现为以下三种依恋风格，即安全型依恋、焦虑型依恋和回避型依恋。依恋风格反映了亲密关系中个体的感知习惯与反馈习惯。

简单来说，安全型依恋的个体非常享受亲密关系，通常温暖而有爱；焦虑型依恋的个体十分渴望亲密关系，并全情投入，但是又非常担心伴侣不是同样投入地爱着他；回避型依恋的个体将亲密关系等同于丧失独立性，他们总是尽可能地减少亲密关系。

具体来看，安全型依恋的个体在亲密关系中表现得既温暖又体贴。安全型依恋的个体享受亲密关系，也不会过于担忧。安全型依恋的个体可以镇定自若地处理亲密关系中的突发事件，不会轻易感到沮丧。安全型依恋的个体会将自己的需求和感受有效地传达给伴侣，同时也对伴侣的情绪暗示有着很强的解读与反馈能力。安全型依恋的个体会与伴侣分享成功的喜悦和失败的反思，同时也会在对方需要的时候给予支持。

焦虑型依恋的个体非常愿意与恋人黏在一起，也非常愿意表达亲昵的行为，但是他心中常常感到恐惧和忧虑，他害怕恋人并不像他想象的那样，乐意与他亲近。焦虑型依恋的个体会将很多情感和精力投入到亲密关系中。伴侣的行为和感受哪怕有一丝小小的波动，焦虑型依恋的个体都会非常敏锐地感觉到。这导致在亲密关系中，焦虑型依恋的个体将产生很多消极体验，也很容易情绪低落。如此一来，焦虑型依恋的个体很可能会一时冲动，说出一些事后会后悔的话，作出一些冲动的行为。不过，如果对方给予焦虑型依恋的个体足够的安全感和抚慰，就能在很大程度上消除焦虑型依恋的个体的担忧，也能让焦虑型依恋的个体获得更大的满足感。

回避型依恋的个体认为，保持独立性与自我价值感是最为重要的。因此，回避型依恋的个体非常看重亲密关系中的自主权。即使愿意与对方接近，但是当对方近在咫尺时，回避型依恋的个体还是会感觉很不舒服。回避型依恋的个体绝不会在亲密关系或者遭到拒绝这类事情上花太多时间和精力。回避型依恋的个体并不愿意向伴侣完全敞开心扉，因此对方会抱怨回避型依恋的个体太过疏离。在亲密关系中，回避型依恋的个体对伴侣表现出的任何关于控制和约束的信号，都保持着高度的警惕。

不同依恋风格的人，在很多方面都大不相同，主要表现在以下五个方面：

- 看待亲密关系的视角不同。

- 处理冲突的方式不同。

- 对性爱持有不同态度。

- 在表达自身诉求和需要时，沟通能力有所不同。

- 对伴侣和亲密关系有着不同的期待。

所有人，不论是情窦初开的少年，还

是结婚几十年的长者，都能归入上述三种依恋风格中。当然，还有一些人属于后两种依恋风格（焦虑型依恋与回避型依恋）的混合型。安全型依恋的个体约占 50% 以上，焦虑型依恋的个体约占 20%，回避型依恋的个体约占 25%，剩下 3%—5% 则属于第四种比较少见的依恋风格，即焦虑回避型。

个体的依恋风格是相对稳定的，同时又极具弹性的。了解自己特有的依恋风格，可以帮助你更好地认识自己，同时也对你与他人的交往产生重要的指导意义，进而让你在亲密关系中获得更多的幸福感。

下面是一份测量依恋风格的问卷，其中的问题基于个体在亲密关系中与对方相处的方式而提出。这个问卷在《亲密关系问卷》基础上修订。《亲密关系问卷》是由莱文（Amir Levine）、赫尔勒（Rachel Heller）根据以往研究，结合日常生活情景编制而成。

请仔细阅读下列内容，如果你认为该内容符合你的实际情况，请在小方框里打钩。如果你认为该内容不符合你的实际情况，不做任何标记。

记下你的心得体会

类型	内　　　容	符合
焦虑型依恋	1.我常常担心另一半不爱我了。	☐
	2.我很担心另一半了解真实的我以后，就不再喜欢我了。	☐
	3.我在单身状态时会非常焦虑，感觉生活若有所失。	☐
	4.每当另一半不在我身边，我都害怕对方被别的人吸引。	☐
	5.每当我与另一半分享感受时，我都害怕对方难以感同身受。	☐
	6.我常常思考自己的恋爱关系。	☐
	7.我会很快对另一半产生依恋。	☐
	8.我对另一半的情绪十分敏感。	☐
	9.我常常担心另一半离我而去以后，我就再也找不到其他人了。	☐
	10.我在与对方争执时，总会冲动之下说出令我后悔的话，而不擅长就事论事。	☐
	11.我常担心自己不够有魅力。	☐
	12.如果我发现自己喜欢的人喜欢别人，我会痛苦万分。	☐
	13.如果我的约会对象开始渐渐疏远我，我会觉得自己是不是做错了什么。	☐
	14.如果另一半想跟我分手，我会竭尽全力告诉对方，放弃我是个大损失，试试让他嫉妒也无妨。	☐
安全型依恋	1.我感觉与另一半很容易陷入热恋。	☐
	2.我非常享受依靠另一半的感觉。	☐
	3.我对自己的亲密关系大体满意。	☐
	4.我不觉得在亲密关系中付出过多。	☐

类型	内　　　容	符合
安全型依恋	5. 我能很轻易地将自己的需求传达给对方。	☐
	6. 我相信大多数人都是诚实可靠的。	☐
	7. 我很乐意跟另一半分享自己的想法和感受。	☐
	8. 与另一半的不愉快，不会令我对我们的关系产生怀疑。	☐
	9. 我不善于在恋爱中制造浪漫，有时候别人会觉得我很乏味。	☐
	10. 当我与别人意见不一时，我能够很从容地表达自己的意见。	☐
	11. 如果我发现自己喜欢的人喜欢别人，我并不会感到很痛苦，我会稍微有些嫉妒，不过这种感觉转瞬即逝。	☐
	12. 如果我的约会对象开始渐渐疏远我，我会好奇发生了什么但不会归咎于我自己。	☐
	13. 如果我交往了几个月的对象不想再跟我联系了，我会有点受挫，但是很快就好了。	☐
	14. 我并不觉得跟前任保持联系有什么问题（仅仅是朋友），毕竟我们有很多相似之处。	☐
回避型依恋	1. 我感觉自己在分手以后很快就能自愈。我很惊讶，自己怎么能那么快就忘记一个人。	☐
	2. 我在另一半情绪失落的时候，很难给予对方情感支持。	☐
	3. 对我来说，独立性比亲密关系更重要。	☐
	4. 我不想将内心最深处的感觉分享给另一半。	☐
	5. 我觉得很难去依靠另一半。	☐

类型	内　　容	符合
回避型依恋	6. 我有时会莫名其妙地对另一半发火。	☐
	7. 比起固定的性伴侣，我更偏爱与不同人之间的露水情缘。	☐
	8. 另一半离我太近时，我会感觉到焦虑。	☐
	9. 我的另一半总会提出一些让我觉得过分亲密的请求。	☐
	10. 不在一起时，我会很想念另一半，然而在一起了又会想逃离。	☐
	11. 我不喜欢别人依赖我的感觉。	☐
	12. 如果我发现自己喜欢的人喜欢别人，我会感觉到解脱了，如此一来，对方就不会对我产生占有欲。	☐
	13. 如果我的约会对象开始渐渐疏远我，我会感觉到解脱了。	☐
	14. 有时候在恋爱关系中，我的需要被满足后，我就开始手足无措了。	☐

资料来源：《亲密关系于情感依赖：认清依恋风格、走出情感困惑、重整亲密关系》，中国友谊出版公司，2022 年出版，部分内容有改动。

测试结果：

你在哪一个类型下打钩数量多，就意味着你更倾向于哪种依恋风格。例如，如果你焦虑型依恋打钩数为 10，安全型依恋打钩数为 12，回避型依恋打钩数为 8，那么你属于安全型依恋风格。

【知识卡】

依恋悖论

依恋理论的基本原则是，大多数人需要依恋，因为他们需要他人的情感支持。当他人没有给予情感支持时，个体的依恋需要没有得到满足。然而，当个体的情感需要得到充分满足时，个体的依恋感就会随之消失。依恋需要满足得越及时，依恋感就越小。

这是依恋理论中常常提到的"依恋悖论"，即人们彼此的依恋关系越有效，个体就越独立越勇敢。换句话说，很多人苦苦所追的都是自己得不到的东西。若是个体的情感需求已经尽早尽快地得到充分满足了，他们也就不会执着于依恋关系了。

安全亲密关系的法则

法则一：透过对方，认识真正的自己

亲密关系双方从对方身上看到的其实是自己。个体所有的人际关系都是一面镜子，

透过他人，个体才能认识真正的自己。个体在认识对方的过程中，不知不觉地认识和发掘真正的自己。了解他人的感觉、想法，个体也会更了解自己的感觉、想法。亲密关系的双方成为彼此的镜子。

如果个体觉得伴侣对他失去热情，可能是因为他也对伴侣失去热情。就像一位婚姻专家说的："如果我的婚姻变得乏味，可能是因为我觉得乏味，或更糟的是我这个人很乏味。"事实上，那些令你厌恶的人是在帮助你了解自己，让你发觉你的阴暗面。这也就是为什么我们跟一个人越亲密，就越容易产生厌恶的情感，因为在亲密关系中，你看到自己的真面目。

法则二：你不能容忍对方的部分，就是你不能容忍自己的部分

一个品德不好的人，会怀疑别人的品德也不好；一个对别人不忠诚的人，会怀疑别人同样不忠诚；一个不正直、不正经的人，会把别人的任何举动都"想歪"。一个对其他女人有非分之想的人，自然而然

地，也会猜疑自己的妻子。总是遇到讨厌的事的人，往往自己就是一个令人讨厌的人。喜欢挑人毛病的人，自己往往有很多毛病。

如果你很爱发脾气，你会认为是别人惹你生气，每一件事都可能变成你愤怒的理由。你不能容忍对方的部分，就是你自己具有的，同时也是你不能容忍自己的部分。因为你会通过投射，把隐藏在自己内心深处的东西投射到别人身上。你谴责的每一个人、每一件事，你产生的怒气，在很大程度上，都是你的投射，是你对不能容忍的自己的那一部分的谴责和愤怒。

法则三：你对外排斥什么，对内就排斥什么

一般而言，我们可以与之相处愉快的那些人，反映了我们喜欢且能接受的内在的自我；而那些我们不能与之愉快相处的人，反映了我们不喜欢且不能接受的内在的自我。人际和谐的秘诀在于，个体内心和谐。个体内心和谐，自然会拥有和谐的人际

記下你的心得体会

关系。若想要增进双方的感情，需要个体获得自我成长，这样，双方的感情自然就会变好。

一个有控制欲的人，除非内在的空虚得到填补，否则就不可能放下对他人的控制，也难以解放自己；一个心怀怨恨的人，除非内在愤懑的情绪得到疏解，否则就不可能停止怨怼；一个爱嫉妒的人，除非能找到自信，不再跟人比较，否则就不可能停止嫉妒。

法则四：你越恨就越束缚，越爱就越自由

当你掌控他人时，你也被他人掌控；当你束缚他人时，他人也会束缚你。当你控制他人，不准他人做这，不准他人做那，如果他人不按照你说的话去做，你会怎么样？你会不高兴，对吗？你的喜怒哀乐是由他人决定的，你认为你在掌控他人吗？不，其实你被他人掌控了。

如果你不断回忆和反刍旧有的伤痛，你就是给最初伤害你的人再次伤害你的机会。

换句话说，当你怨恨别人时，在某种程度上，你也在怨恨自己。

法则五：欣赏可以升级成爱

无论是你的领导、同事、朋友、爱人或孩子，这些人拥有的你不欣赏的个性、想法和行为，往往都是你需要学习的课题。他们会成为你心灵的阴影，会一再重复你厌恶的言语和行为，让你学习宽容、接纳和欣赏。当有人指出你的错误，你很生气时，这个指出你错误的人做错吗？不，他只是帮你把你心灵的"阴影"拿出来晒晒太阳。

当别人指责你的时候，不要再像以前一样，立刻去攻击或反击，你要开始反问自己，他们说的是真的吗？如果不是真的，你何必那么当真。如果一些人和一些事是不能躲避的，那么不要因为不喜欢、不欣赏就排斥或试图逃避，而是要学会欣赏。当你抱着欣赏的心态来看待人和事时，你的心中也就充满了爱。

记下你的心得体会

【小贴士】

感情小贴士

1. 你的亲密需求是合理的。

2. 不要因为自己依赖亲密的人而感到不安，这是你的基因使然。

3. 从依恋理论的视角来看，一段亲密关系应该让你变得更加自信，应该可以给你内心的宁静。如果没有的话，你就应该警醒起来了！

4. 最重要的是，一定要保持真实的自己，玩一些感情把戏只会让你距离终极的幸福目标越来越远，同时也会让你错过真正对的人。

小结

1. 亲密关系具有四方面性质：广泛而私密的了解、生活交织在一起、信任和期待、承诺。

2. 生活中常见的情感依恋风格：安全型依恋、焦虑型依恋、回避型依恋。

3. 安全亲密关系的法则包含五条：透过对方，认识真正的自己；你不能容忍对方的部分，就是你不能容忍自己的部分；你对外排斥什么，对内就排斥什么；你越恨就越束缚，你越爱就越自由；欣赏可以升级成爱。

反思·实践·探究

贝拉（化名），单身，24 岁。以下是她的个人描述：

我跟马克（化名）交往一年半了，跟他在一起我非常开心。不过，每段亲密关系都不会十全十美，我们也会有一些小分歧。刚开始交往的时候，马克有些地方让我有点不满。比如，我们刚认识的时候，马克在情感方面没什么经验，需要我给他一些指导。不过还好，这都是过去的事了。另外，与他相比，我是个非常外向的人，而他则比较内向和严谨。马克做事十分踏实。实话说吧，刚开始我觉得他完全配不上我。不过后来我相信自己的决定是再好不过了，他真的很温暖，很可靠，这些品格都是无比珍贵的，我真是越来越爱他了！

1. 请判断贝拉属于哪种依恋风格？
2. 这种依恋风格具有哪些特征？

婚姻幸福的奥秘

婚姻与家庭

【知识导图】

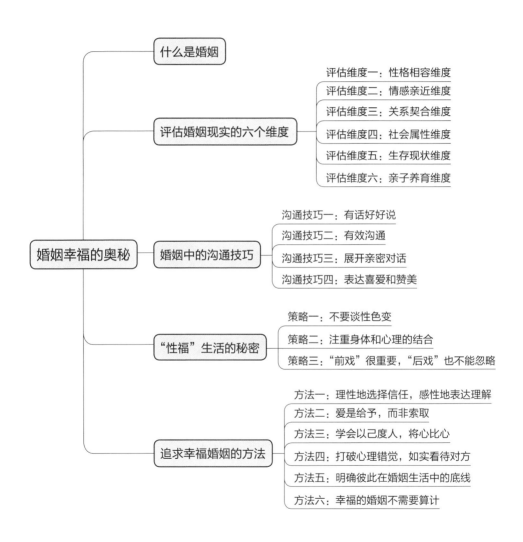

什么是婚姻

评估婚姻现实的六个维度
- 评估维度一：性格相容维度
- 评估维度二：情感亲近维度
- 评估维度三：关系契合维度
- 评估维度四：社会属性维度
- 评估维度五：生存现状维度
- 评估维度六：亲子养育维度

婚姻幸福的奥秘

婚姻中的沟通技巧
- 沟通技巧一：有话好好说
- 沟通技巧二：有效沟通
- 沟通技巧三：展开亲密对话
- 沟通技巧四：表达喜爱和赞美

"性福"生活的秘密
- 策略一：不要谈性色变
- 策略二：注重身体和心理的结合
- 策略三："前戏"很重要，"后戏"也不能忽略

追求幸福婚姻的方法
- 方法一：理性地选择信任，感性地表达理解
- 方法二：爱是给予，而非索取
- 方法三：学会以己度人，将心比心
- 方法四：打破心理错觉，如实看待对方
- 方法五：明确彼此在婚姻生活中的底线
- 方法六：幸福的婚姻不需要算计

婚姻幸福并不完全建立在显赫的身份和财产上，而是建筑在互相尊敬上。婚姻幸福的本质是谦逊和朴实。

——巴尔扎克

什么是婚姻

婚姻泛指婚龄男女以夫妻名义在经济生活、精神物质等方面自愿长期结合。根据双方身体条件、工作能力、结婚观念、历史文化而形成的夫妻关系，应取得医学、伦理、法律等方面的认可，以夫妻名义共同生产生活并组成家庭的一种社会现象。在婚姻中，男女双方自愿结合在一起，互相接受、互相依靠。婚姻应与社会人口变化、历史文化相适应。爱情则是现代婚姻的基础。婚姻关系中的两个人，既要追求精神层面的浪漫，又要处理现实层面的生活琐事，互相支持，彼此包容。相似的社会背景和包容的心态是维持婚姻关系的关键。

婚姻制度经过多次变革，现在普遍认同一夫一妻的婚姻形式。古时婚姻又称"昏

记下你的心得体会

25

姻"或"昏因"。在我国古代的婚礼中，男方通常在黄昏时到女方家里迎亲，而女方随着男方的迎娶而出嫁。这种"男以昏时迎女，女因男而来"的习俗，就是"昏因"一词的起源。

【小贴士】

婚姻生活小贴士

1. 面对相伴一生的人，你是否后悔自己曾经的选择？每一段或长或短的婚姻，总会有后悔的时刻。后悔情绪出现的频率低，并最终无悔，可以算是幸福的婚姻了。

2. 婚姻是爱情的坟墓还是爱情的延续？研究发现，总体上，已婚人士的生活方式更健康，身体也更健康，往往更长寿，患抑郁症和心脏病的比例更低。不难理解，已婚人士大部分时间有人陪伴，突发疾病时更有可能被及时送医，因此突发疾病死亡的风险也会跟着降低。

3. 婚姻是一种特殊的亲密关系。婚姻关系是最矛盾，也是最复杂的关系。婚姻关系是矛盾的，这是因为婚姻关系中的两个人既追求精神层面的交流和情感上的浪漫，又要处理现实层面的生活琐事。婚姻关系是复杂的，这是因为婚姻受情感、法律和道德的三重约束，婚姻关系中的两个人即便没有情感了，在法律和道德层面仍有互相扶持的义务和责任。

4. 婚姻是一个完善自身的过程。婚姻关系是一对一的，这种一对一的关系，符合个体寻找另一半的期待。一个人是不完整的，有了另一半的陪伴，两个人合二为一，就会变得更加强大。一个人的生活是辛苦的，两个人在一起，即使经历重重磨砺，哪怕力竭身亡，也能有人与自己相伴长眠。婚姻让自身更完善。

5. 婚姻带给个体安全感。婚姻可以为个体提供多层次的安全感，包括情感安全感、社会和法律安全感、经济安全感和心理安全感。婚姻通常建立在情感基础上，这意味着婚姻可以为个体提供一个可以依赖和分享喜怒哀乐的伴侣，给个体带来情感安全感。婚姻确保双方在法律上的权利和义务，通常建立在共同财产和经济责任基础上，这意味着个体在社会、法律和经济方面有一个稳定的支持体系。婚姻关系能够提供一种互相信任和依赖的关系，这种关系可以减轻个体的焦虑和孤独感，增加个体的幸福感和满足感。

评估婚姻现实的六个维度

评估维度一：性格相容维度

伴侣间性格搭配方式有两种：一种是性格相似型；另外一种是性格互补型。性格具有两面性，乐观、自信、开朗的人往往会略显粗心，悲观、胆怯、内向的人往往做事谨慎。是性格相似的伴侣没有分手的可能？还是性格互补的伴侣没有分手的可能？答案是：两种方式都有分手的可能。

分手或离婚的决定因素之一：对伴侣性格的认同感。

如果两个人的感觉是"我喜欢他的性格，我们很合适，我们很相爱"，这说明这两个人在内心深处对伴侣的性格认同感较高。认同伴侣性格是维持爱和婚姻的必要条件。无论是相似型性格，还是互补型性格，都要在爱情中不断增加对伴侣性格的认同。

评估维度二：情感亲近维度

情感亲近维度主要指伴侣情感连接的状态。可以通过问自己以下六个问题来评估情感亲近维度。

1. 你容易吸引伴侣的注意吗？

2. 你们彼此之间有情感上的连接和互动吗？

3. 你伴侣的表现让你觉得你在他心目中是第一位的吗？

4. 在你们的婚姻关系里，你有没有感觉到孤独和被排斥？

5. 你能够与伴侣分享内心深处的感情吗？他会耐心倾听吗？

6. 你们之间的性生活满意度是怎样的？

如果肯定的回答较多，说明你们的情感亲近程度和情感连接状态是好的；如果否定的回答较多，说明你们之间在情感亲近方面出了问题。

评估维度三：关系契合维度

关系契合维度包括：夫妻之间的依恋方式、夫妻之间的决策方式和夫妻之间解决冲突的方式。

夫妻间的依恋方式。夫妻之间是彼此独立，还是相互依赖？是过度依赖对方？还是能够独立生活？在婚姻中，在独立和依赖之间找到平衡是重要的。过度依赖可能导致夫妻感到束缚，而过度独立可能导致夫妻关系疏远。

夫妻之间的决策方式。在婚姻中，夫妻之间的角色和地位是怎样的？你是否拥有话语权？你可以在决策中发挥主导作用吗？健康的婚姻关系通常建立在平等与合作的基础上。

夫妻之间解决冲突的方式。当夫妻之间发生冲突时，是如何解决的？是直面问题，直接沟通，还是回避问题，避免沟通？是彼此信任，还是彼此猜疑？是愿意互相理解，还是互相指责？

通过评估关系契合维度，可以直接发现婚姻问题的主要症结所在。

评估维度四：社会属性维度

婚姻关系中的两个人，既是伴侣，也是社会和家庭角色中的一分子。婚姻关系也会影响家人的幸福度。在日常生活中，婚姻关系双方是否属于合作的关系，与其他社会关系是否形成融洽的氛围？可以通过以下这七个问题来帮助你评估社会属性维度。

1. 你们可以一起商量事情吗？

2. 你们可以自然地交流吗？

3. 你们可以一起照顾孩子、家人，分担家庭责任吗？

4. 你们共同规划家庭经济吗？

5. 你们可以一起保持家庭氛围的稳定性吗？

6. 你们会以家庭成员的身份共同出席一些家庭聚会或参与社会活动吗？

7. 你们有共同的兴趣爱好吗？

对以上问题回答"是"比较多，说明婚姻关系双方在家庭中彼此愿意承担责任，共同完成家庭事务，在社会属性维度的连接是令人满意的。如果回答"否"比较多，说明婚姻关系双方缺少社会属性方面的失联，也缺乏很多社会支持系统的连接。

评估维度五：生存现状维度

生存现状维度是帮助婚姻双方认清生存

需求，建立安全感，了解婚姻对现实生活的影响。可以通过以下两个问题帮你评估生存现状维度。

1. 改变生存的可能性：你是否有独立的经济能力？你在经济方面是否要依靠对方？

2. 婚姻的自由度：你能够在婚姻中做主，还是不能做主？

评估维度六：亲子养育维度

孩子出生和孩子长大离家，都是离婚率最高的阶段。孩子会给婚姻带来很大的挑战。夫妻双方能不能共同养育孩子？对这个问题的不同回答往往会带来不同的后果。在亲子养育方面存在困难往往会引起严重的婚姻矛盾，并影响婚姻质量。可以通过以下五个问题帮你评估亲子养育维度。

1. 你们是否可以从容应对孩子带来的挑战？

2. 孩子的核心养育者是父母吗，还是老人帮忙照顾？

3. 夫妻在孩子身上花费的时间分别是多少？

4. 有了孩子之后，夫妻之间的交流、性

需求、亲密需求是否能够得到满足?

5. 在有老人参与养育孩子的大家庭中,你们是否可以形成自己的核心家庭?

对以上问题,如果你回答完心情仍然较愉悦,那么恭喜你,孩子的出生让你们的婚姻关系更幸福,更和谐。如果你回答完心情是沉重的或伤感的,那么说明你们的婚姻关系因孩子的出生而面临挑战。

婚姻中的沟通技巧

在婚姻中,有些夫妻把婚姻维系得幸福美满,而有些夫妻在相处中却总是争吵不断,婚姻濒临破裂的边缘。造成婚姻破裂的很大一部分原因是彼此不懂得沟通的技巧,不愿跟对方解释而又认为对方会理解,久而久之,夫妻之间的隔阂越来越深。想要维系一段幸福的婚姻,夫妻双方需要懂得以下沟通技巧。

沟通技巧一:有话好好说

不好好说话常常将事情变得更糟糕。不

記下你的心得体会

好好说话是一件伤害大并且十分愚蠢的事。更让人讨厌的是，几乎每个人的婚姻都不可避免会遇上不好好说话的时刻。有话好好说则是解决婚姻矛盾的金玉良言。

为什么要好好说话呢？原因有二：第一，好好说话是建立幸福美满的家庭和拥有充满爱的亲密关系的前提，通过好好说话，可以让婚姻关系更融洽。维护融洽的婚姻关系是婚姻双方在婚姻中的责任与义务。第二，每个成年人都应该为自己的语言和行为负责，不能将自己的情绪转移和发泄到他人身上，用言语去攻击或伤害伴侣会将事情变得更加糟糕。

为了避免或减少婚姻中的沟通困难，有以下两方面要求：首先，自己要好好说话；其次，引导伴侣好好说话。换句话说，婚姻双方在沟通时需保持冷静，好好说话，好好处理问题，不要着急，不要失控，不要冒失和冲动。

如果另一半不配合，不好好说话，我该怎么办？这时，你应该更冷静。一时冲动会引起严重后果，婚姻双方寸步不让会迅速

记下你的心得体会

破坏婚姻关系，而阻止这种事情发生，是双方都应该努力的事情，也是双方的责任。正确引导另一半是很重要的事，比克制自己更难，因为你将面临对方的误解、攻击、不配合和冷漠。为了解决这个难题，需要婚姻双方在平时的交流中达成共识：在特殊时刻，在有突发事件时，二人能冷静处理矛盾和问题。

最后但最重要的一点是，好好说话从不说"如果不是你……"的指责话语开始。"如果不是你……"这种话是不负责任的攻击性话语，会破坏良好的沟通。

沟通技巧二：有效沟通

沟通在婚姻中的重要性不言而喻。有多少婚姻，不是毁于出轨，而是毁于夫妻间沟通不畅。因此，婚姻双方需要有效沟通。如何才能做到有效沟通？我们给出以下几点建议：

首先，在沟通的时候不要带有情绪。个体带着愤怒、不快等负面情绪去沟通的时候，很容易语带指责而自己又不自知。愤怒的时候甚至会出现记忆偏差，"我没有这么说！""你刚才明明就是这么说的！"这样的对话想必大家都不陌生，没有任何一方刻意撒谎，然而却无法就几秒钟之前发生的一个基本事实（到底有没有这么说）达成共识。这是因为愤怒的情绪对表达、听力和理解都会造成影响。在愤怒的情绪下，想要就某个更复杂的问题达成共识是不可能的。

其次，沟通的时候要针对固定的单一话题，不能过度发散。夫妻双方在沟通时，一定要避免翻旧账。即便你在表达自己观点的时候，联想到了过去的某件事，也不要拿它当你的论据。如果那是一件当时没有解决，但你认为需要解决的事，那等以后找个时间再谈；如果那是一件当时已经解决的事，那你就更不需要翻来覆去地说了。

再次，不要过早下结论。所有的沟通都是为了能够互相理解，为了化解现有矛盾，而不是为了分出胜负，因此沟通一定要从释放善意开始，不要过早下结论。需要强调的是，在沟通时要给对方和自己思考的时间，允许对方短暂沉默，很多时候对方只是在思考，并不是逃避沟通，你也可以趁机整理自

记下你的心得体会

己的思路。

最后，聆听也是沟通的一部分。有些人在沟通的时候，大脑高速运转——搜索记忆、整理思路、输出表达，所以往往会滔滔不绝，忘记沟通是两个人的事。因此，在沟通时一定要刻意提醒自己，给对方表达的时间和机会，对方表达的时候要认真聆听。对很多人来说，聆听比表达还难。如果你的大脑一时无法集中，还沉浸在表达模式中，那就刻意抓住几个关键词，让对方再说一遍。对方会将这样的请求视作你重视他的表达，在重复的时候，会更详细地陈述自己的观点，你的大脑正好也可以趁这个时间转换到聆听模式。

沟通技巧三：展开亲密对话

在建立婚姻关系的过程中，亲密对话是最基础的部分。什么样的亲密对话才能让彼此感觉更棒，拉近彼此的距离，建立信任和亲密，完成你期待的建立婚姻关系的小目标呢？

首先，多多分享你的想法和感觉。亲密

对话和日常人际关系中的沟通是一样的，一般由陈述事实和表达感受构成。在亲密对话中，表达感受应该多于陈述事实。例如，当你在约会的时候，你可以试着通过一件事来表达自己的感受。如果真的无话可说，你也可以尝试分享一件自己小时候发生的事，也可以分享你在工作中遇到的事。讲出这件事，并且分享你自己的感受，就可能引发对方的共鸣。你的感受代表着你的思想，对方可以通过你的感受加深对你的了解，而在了解你的过程中，与你的情感距离也渐渐变近，你们就会像久违的老朋友那样，关系自然而然就融洽了。

其次，学会引导对方深入交谈。你在约会时是否遇到过这样的情景：本来你们在聊一个特别有趣的话题，开头很热烈，但是聊了没多久，对方就失去了兴趣，草草收场，气氛又陷入了尴尬。无话可谈就意味着两人可能要结束这次约会了，并且惧怕下一次约会，因为不知道下次能聊什么。但是如果聊得比较深入，就会不由自主地延长约会时间，或者在不得不分开时意犹未尽，念念不

记下你的心得体会

忘，在短时间内开启另一场对话或约会。那么，如何能聊得更加深入呢？

建议可以采用提问的方式，挑选一个有趣的话题作为开端，仔细聆听对方讲的内容后，从中寻找发问的机会，在一问一答的过程中加深对彼此的了解，并引导对方一直分享下去。此时，你不仅仅像是他的朋友，也像是他最亲密的伴侣，他愿意将这一切都毫无保留地讲给你听，你们的感情越来越牢固，两颗心的距离越来越近，彼此了解越来越深，自然也越来越信任对方。

再次，在交谈中获得对方的信任。有些人天生不善言辞，特别是男性，通常不愿意向人敞开心扉，也不愿意讲述自己的故事或阐述自己的情绪和感受，因为这对他们来说，是一件非常难的事。但是在亲密关系中，不交谈就不能增进感情，也不能增进彼此的了解。这就需要通过引导，获得对方的信任，让对方对你敞开心扉，愿意与你交流和互动。

你可以告诉他，他是你特别在乎的人，他对你很重要，你想知道发生在他身上的故事和他此时的心情，希望他可以与你分享和交流。你想知道对某件事，他是怎么想的，如何处理的，最终的结果怎么样，他个人对这件事的感受是什么等。

最重要的是，你作为他的倾听者，一定要告诉他你对这件事的看法，一定要记得告诉他，无论发生任何事，你都理解他、包容他，站在他身边，以他的利益为利益，永远无条件支持他。

最后，认同对方并告诉对方你的想法。当伴侣向你阐述一件他自己的经历或感受时，本质上他需要向人倾诉，希望你能为他分担这段经历或这种感受。此时，你不要吝啬自己的关注，一定要对他所说的话及时地表达理解，向他传递你在关注这件事，你在乎并重视和他谈话的内容，你和他一样，有着同样的感受，你能包容和理解他的做法、想法与感受。换句话说，你可以与他共情。

表达共情的方式有很多种，最常用的有以下五种：

1. *我理解你的感受！*

2. 亲爱的，这一定很艰难吧！

3. 我能感觉到你当时很难过，我也替你难过，不过，还好过去了！

4. 我支持你，我站在你这边！

5. 我相信你！你生气是有理由的，我相信你！

最后，当然不要忘记给对方一个拥抱，哪怕你什么也不说，拥抱这个动作也会让对方觉得你是站在他那边的，你能理解他的心情，能感受到他的情绪。

沟通技巧四：表达喜爱和赞美

最能提升夫妻幸福指数，增加夫妻感情的技巧，不是烛光晚餐，也不是神秘礼物，而是积极主动地表达自己的喜爱与赞美。

人是感性动物，生来没有安全感，需要同类的认同与肯定，特别是在乎的那个人的认同和肯定。一句喜欢可以让对方知道你有多爱他，他有多优秀，有多值得被爱。这样就可以给对方鼓励和信心，也能增强对方的自尊感。当然了，人都是有缺点的，但不管对方的缺点有多少，在表达对方缺点的时候，一定要委婉。也就是说，在表达对方优点和表达自己对对方的喜爱时，一定要热烈而直接；但是在指出对方的缺点时，一定要考虑周全，并照顾对方的感受。

美好的婚姻需要用喜欢和赞美来成就，培养表达喜欢和赞美的习惯，做起来很简单，但可以收到非常好的沟通效果。你要从现在开始，从小事做起，养成正面、积极思考和表达的习惯。

【小贴士】

婚姻中的那些 "美丽的谎言"

谎言 1：婚姻需要经营才能长久。

需要经营才能幸福的婚姻，不算真正健康的婚姻；需要经营才能稳定的亲密关系，不算真正健康的亲密关系。一个正向的婚姻模式，应该是"妻子＋丈夫"共同对战"人生（工作、生活等）"，而不是妻子对战丈夫或丈夫对战妻子。

谎言 2：不能与性格或情绪有问题的人结婚。

实际上，人的性格和情绪对婚姻没有影响，能影响婚姻的只有婚姻双方的相处方式。如果婚姻双方彼此理解，能在相处时管理好自己的情绪，用爱、真心和尊重包容对方的不足，那这样的婚姻完全不存在问题。

谎言3：性格互补的人最适合结婚。

研究发现，性格互补的人比性格相似的人更难协调婚姻关系，因为冲突太过鲜明，容易引发对立的事情太多，对包容心的要求更高。性格相似的人极少出现这种冲突和对立的情况，因为他们太相似了，对事情的看法和行为大多也一致。然而，不管性格是否互补，两个人在一起是否合拍，主要还是看双方是否愿意带着尊重、理解和爱意去处理婚姻中的冲突。

谎言4：冷处理是解决矛盾的最好办法。

相关数据表明，60%以上的婚姻失败是由于伴侣过于冷漠或对另一半实施冷暴力造成的。冷处理会消耗彼此的爱意与耐心。因此，回避冲突或冷处理并不是解决矛盾的好办法，而是比较差的办法，也是最具毁灭性的办法。

谎言5：男人和女人是完全不一样的。

人类的身体结构是相似的，虽然男女身体结构存在不同，但这种不同几乎可以忽略不计。就像女人与女人，或者男人与男人之间也会有些许不同一样，男人和女人之间的不同是必然的，不是造成婚姻失败的根本问题。人们对爱情与婚姻的追求、对伴侣的渴望、对幸福生活的向往是相似的。不同的只是原生家庭的不同和受教育的不同，成长环境导致个体的性格、情绪、生活习性和处理问题的方式等不同。这种不同不是男人和女人之间的不同，而是人与人之间的不同。

"性福" 生活的秘密

性生活是婚姻生活的一个重要内容。性生活给人带来安全感和幸福感，会提升人的自尊心，因为性生活让人感觉到被爱，会增加个体的自信。

从身体层面来说，性生活对夫妻双方的身体健康非常重要。性生活能促进血液循环，增强免疫力，从而预防心脏病和高血压等多种疾病。性生活能够促使激素分泌和血液流动，从而促进皮肤健康，使夫妻双方更具吸引力。性生活也是一种高强度的燃脂运动，可以让人的身材维持得更好。对女性而言，性生活还能缓解月经周期中的疼痛和产后恢复；对男性而言，稳定的性生活可以提高男性精子质量，提升生育功能。此外，稳定的性生活会增加个体的愉悦感，让男性更在意外表，工作起来也会格外努力，保持高昂的精神状态，能量自然由内向外散发，看起来充满个人魅力。

很多年前，研究已经发现，性生活能让人看起来更年轻，更有活力，身体也更健康。研究发现，每周有四次以上性生活的女性，外表看起来更年轻、漂亮、有活力。这是因为性生活可以让女性保持激情和愉悦的状态，让整个人的状态和能量呈现在高峰阶段。

从情感交流层面来看，性生活能够让夫妻的感情更加亲密。性生活能够提高夫妻之间的感情，使夫妻彼此更加了解。通过性生活，夫妻能够更好地沟通和交流情感，使夫妻间的感情更加稳定，建立起更加牢固的婚姻关系。因此，高质量的性生活让人充满愉悦和活力，有益于身心健康。

记下你的心得体会

然而，婚姻生活中也存在一些与性有关的问题。比如，夫妻之间的性方面的兴趣不同可能会导致夫妻之间发生冲突。以下三个策略可以帮助夫妻拥有和谐的"性福"生活。

策略一：不要谈性色变

性生活无疑是非常美妙的，但也是非常脆弱的，经常会出现这样或那样的问题。因为性生活的私密性，我们在性生活方面出现问题时，常常羞于向他人倾诉，更不敢去看医生。有人甚至认为，因为性生活去医院是一件有损尊严的事情。不仅男性，很多女性也这样认为。

伊丽莎白是一位让人羡慕的女士，年纪轻轻就拥有自己的工作室，她的丈夫接管了家族企业，平时待她千依百顺，而且经常带给她惊喜。在外人看来，她每天都很开心，似乎享尽了全天下的幸福，但实际上并非如此。

伊丽莎白和丈夫的闺房生活不尽如人意——不管氛围多好，前戏做得再足，丈夫都无法坚持太久，导致他们一直无法怀上宝宝。这也是二人最尴尬的时候，她经常不知道要如何安慰对方，或者说，她也不知道要如何安慰自己。

伊丽莎白曾和母亲说过这件事。伊丽莎白的母亲是比较传统的女性，听到这件事后，伊丽莎白的母亲直接劝她，千万不能对其他人说起这件事，不然有损她丈夫的尊严，伊丽莎白自己也没有脸面。而且，这种事情不重要，只要他对你好就可以。

伊丽莎白觉得非常无奈，她没有反驳母亲，但是内心并不认同她的观点。后来，当伊丽莎白提出要去看男科医生的时候，直接惹怒了她的丈夫。于是，她再也不敢提这件事了。

又忍受了一两年后，伊丽莎白向丈夫提出，如果不去看医生，她就选择离婚。在这种情况下，伊丽莎白的丈夫终于同意去看心理医生。经过深度交谈，心理医生发现丈夫的这种情况和疾病无关，而是心理问题。最后，通过心理治疗，结合物理治疗与锻炼，伊丽莎白的丈夫痊愈了，伊丽莎白也顺利怀上了宝宝。

以上案例告诉我们，如果性生活方面出现问题，不应该回避或忽视，而应该积极寻找解决办法，这是婚姻双方对婚姻应尽的义务。

策略二：注重身体和心理的结合

人的嗅觉和味觉在性生活中起着关键作用。男性和女性都会分泌激素和多巴胺，这是异性之间互相着迷、吸引的秘密。伴侣在牵手、依偎、拥抱的时候会觉得心旷神怡，就是因为这些味道会让对方愉悦。伴侣之间经常聊天沟通，分享自己的日常和情绪，不仅可以增进两个人的感情，拉近两个人的距离，还能让彼此更相信对方，在心理上更加亲密。

想要提高性生活的质量，不妨从身体和心理两个方面进行。如果有条件，不妨找个机会，创造一个温馨浪漫的环境，两个人依偎在一起，手拉着手，轻声说着私密的话，交换着心事，这样不仅身体有接触，灵魂也会相互靠近，从而身心都得到愉悦和满足。

策略三："前戏"很重要，"后戏"也不能忽略

曾有研究进行过相关的调查，发现那些让女性不能接受的性生活现象是不注重"前戏"和"后戏"。

安妮的老公从来都不知道有"前戏"和"后戏"这样的步骤，每次都是毫无预兆地就开始，然后又毫无预兆地结束。每次安妮还没有反应过来，对方已经火热地开始了；当她刚开始有些感觉的时候，对方已经结束了。

苏珊的老公虽然挺注重"前戏"，每次总是很耐心地培养两人的感觉，并且很注重她的感受，但是他不太注重"后戏"。每次一结束，她的丈夫就会立刻从激情中抽离出来，转换状态，点一支烟或开始打电话处理公事，这让苏珊非常窘迫，有一种被冒犯的感觉。

男性和女性在性方面的需求是不同的。男性看见女性身体或受到暗示后，会立刻产生性欲望，一旦达到高潮，这种欲望就会立

49

刻消退，恢复平时的理智。也就是说，男性的欲望来得快，去得也快。而女性的性欲望需要缓慢的唤醒过程，不会像男性那样受视觉冲击的影响，也不太可能被暗示。女性往往需要在美好的氛围下，在对方的甜言蜜语和爱抚下，才能慢慢进入状态。相对来说，女性性欲望消退得也比较慢，在高潮过后，女性仍需要对方继续轻轻地爱抚和拥抱，在耳边继续说一些情话……

如何在"前戏"做好的情况下，让"后戏"更加精彩，男性需要注意以下三点。

第一，不要为了"后戏"而"后戏"。一定要真心地认识到"后戏"的重要性，并且真诚地愿意为伴侣做足"后戏"，太过敷衍反而会将事情办得更加糟糕。

第二，建议在高潮过后，继续抱着对方。在对方耳边轻声说一些她喜欢听的情话，轻轻抚摸对方的身体，甜蜜地亲吻对方，交流刚才的感受，这些都是获得"性福"的好方式。

第三，对女性而言，如果伴侣在这样的事情上做得让你不够满意，请找一个适当的机会毫无保留地说出自己的感受。你要明确说出你希望对方怎么做。如果你提过意见后，他仍然不愿意去做或做得还是不够让你满意，那么，请一定不要尖锐地指责他，可以采取委婉的方式，继续向他表明心里的想法，或者两个人一起去学习相关技巧，共同学习，共同提高。

追求幸福婚姻的方法

爱是这个世界上最纯净、最无私、最真诚的东西。爱代表给予，而不是索取。在婚姻关系里，婚姻双方的需求其实很简单，男人需要很多很多的尊重，女人需要很多很多的爱，两个人之间需要很多很多的理解和包容。

方法一：理性地选择信任，感性地表达理解

婚姻关系当然离不开信任。可是为什么要在"信任"前加上"理性"二字呢？试想，如果你选择无条件地信任自己的伴侣，他许下的每一个承诺你都当真，你随口说的

每一句话他都深信不疑，那么你们之间的信任一定会随着时间的流逝而日渐瓦解。

例如，你们无意间闯入一片美丽的丛林，飘动的落叶让你们沉醉其中，你的伴侣不禁感叹生活美好，然后说了一句："我们以后每年都来这里。"可是，这里离你家几十千米，平时你们不会往这个方向来，如果这时候你选择无条件地信任他，那么来年你可能会很失望。如果你能理解，他希望和你再次体验这样的自然美景是一种爱的表达，那么你就不会感到失望了。

婚姻关系中理性和感性并存，理性和感性用对地方最重要。当对方需要信任的时候，用理性进行分析，作出合理的判断，才能最大限度地降低失望。当对方需要理解的时候，请充分释放你的感性，让对方在失落、疲惫的时候感受到你的关心和爱，让他重拾自信，找回面对困难，迎接挑战的勇气。

方法二：爱是给予，而非索取

在婚姻生活中，双方都想索取的爱是不

记下你的心得体会

会长久的。如果谁都不愿意付出，都只想着索取，那么这样的婚姻还有什么意义？如果婚后双方都不愿意为这个家庭付出自己全部的爱和精力，生怕对方占了自己的便宜，那么在爱的方面就会有所保留，在索取方面就会无法控制分寸。你们有没有想过，假如有一天，出现了一个愿意毫无保留为你的伴侣付出的人，他会不会立刻就跟人走了？人是需要无条件的爱和付出的，一个人有没有全心全意地维护两个人的关系，在婚姻中有没有投入真心，这是很容易被人感受到的。

爱是全心全意的付出。夫妻是人生路上的伴侣，需要一起经历风雨，共同面对生死。世界上有很多纷扰，仅凭一个人是很难完全应付下来的，需要另一半的支持，特别是在痛苦和生病的时候。如果两个人都不愿意付出真心或者过于计较谁付出得更多，那么就没有办法相互扶持。

凯瑟琳自小患有小儿麻痹症，双腿不太利索，年纪很大了也没找到心仪的对象，直到遇见了安德鲁。

记下你的心得体会

53

当然，这桩婚事遭到了安德鲁家人的反对，但他还是义无反顾地跟凯瑟琳结了婚，并为此和自己的家人决裂，从家里搬了出来，与凯瑟琳一起生活在并不富裕的偏远郊区。

结婚后，安德鲁不仅不嫌弃凯瑟琳身体有残疾，反而对她特别关照，两个人的感情特别好，凯瑟琳也过得很幸福。可好景不长，安德鲁突然被诊断出得了癌症，而且来势汹汹，很快就躺在床上不能动弹了。

这个时候，凯瑟琳立刻肩负起了照顾安德鲁的职责。对一个行动不便的女人来说，独自照顾一个癌症病人，其中的艰辛可想而知。安德鲁不忍心，多次提出要跟凯瑟琳离婚，不想拖累她，想让她过上轻松的生活，但都被凯瑟琳拒绝了。凯瑟琳笑着安慰安德鲁："亲爱的，不要这个样子，夫妻不应该就这样相互扶持吗？你不是也从没有嫌弃过我吗？现在该我回报你了。没有关系，一切都会变好的，我们会越来越好的，相信我！"

在凯瑟琳的精心照顾下，安德鲁做完了手术，身体逐渐康复。

每个人都要学会无条件地为爱情和家庭付出，每个人也都要学会珍惜和回报别人的付出。

方法三：学会以己度人，将心比心

在日常生活中，你有没有遇到过这样的情况：因为丈夫太爱自己的妻子，想将妻子紧紧掌控在自己的手里，不让妻子出去工作，不让妻子与朋友聚会，不让妻子与家人联系……当妻子无法忍受，表达自己的情绪时，丈夫非常愤怒地吼道："因为我爱你，害怕失去你，我这是为了你好，为了我们俩的婚姻好！"

事实上，这种行为是一种自私的表现。丈夫只考虑了自己的立场，并没有考虑到妻子的感受，还给妻子带去了困扰和痛苦。这种情况还会反映在亲子关系上，比如，母亲逼自己的孩子去学习一些他们根本不感兴趣的课程，还美其名曰"我是为了你好"。当遇到这样的情境时，我们需要以己度人，站在对方的角度去想：如果别人强迫你去做你不喜欢的事情，你是否会苦恼、反感，甚至感觉痛苦？如果你讨厌这种强加的痛苦，那么请不要把这种痛苦强加在别人身上。

夫妻相处之道有一个很重要的小技巧，那就是以己度人，将心比心。需要时常换个立场站在对方的角度去想想。夫妻相处时请坚信一个行为准则：如果你不愿意别人这样对你，你也不要这样对别人；你不会对自己的母亲和儿女说的话，也不要对自己的伴侣和朋友说。

方法四：打破心理错觉，如实看待对方

"你现在怎么变成这样，你是不是不爱我了？"

"我什么时候变了？我本来就是这样，倒是你，为什么结婚后变得这么不可理喻，婚前的善解人意上哪里去了？"

在夫妻争执的过程中，常常会听到上面的对话。是对方真的变了，还是一开始我们并不真正了解对方，幻想成分占据了主导地位呢？绝大部分人在热恋的时候，总是喜欢仰视对方，觉得对方什么都好，温柔体贴、

乖巧可人，你会认为对方就是这样的人。不，这其实是你想象中的样子，不是真实的样子。这种完美的伴侣形象甚至你感受到的对方对你深情的爱意，更多是幻想的成分。等到真正的婚姻生活开始了，你会出现严重的心理落差。在婚姻生活中，如实地看待自己的另一半，接受现实，打破心理错觉，这样才能让亲密关系更加长久和稳定。

在婚姻生活中，存在两种现实情况。一种是必然。没有人能够完全按照另一个人的幻想和要求去生长、生活，这是必然且不能更改的。也就是说，哪怕这个人愿意按照另一个人的要求和幻想去生长、生活，实际上他是根本做不到的，因为人的想法会不停变化，并且两个人的想法不可能完全契合，你以为你做到了，但其实你根本做不到，对方可能永远都不满意。我们应该正视这种必然。

另一种是对方可以做到，但就是不愿意去做。这也是一种现实，你也应该及时去接受。如果你要求你的丈夫三次以上，他仍然做不好，这时你就应该放弃了，而不是坚持向你的丈夫提出要求。如果是小事，对方做不做到都无所谓；如果是比较严重的大事，我们也应该接受现实，如实地看待对方，明白他就是这个样子，改不了了。这就是实际情况。最重要的是，尽快接受现实，并且积极地去面对。

方法五：明确彼此在婚姻生活中的底线

在挑选伴侣时，通常存在两种不同的思维模式。没有结过婚的人，挑选伴侣时的思路通常是："我要找一个有……优点（例如，体贴、风趣、美丽、英俊、能力出众、财力雄厚等）的人。"经历过一次或多次婚姻的人，有过失败经验，因此挑选伴侣的思路是："我要找一个不能有……缺点（例如，出轨、暴力、不讲卫生、不尊重人、没有进取心等）的人。"这两种思维模式没有对错之分，但是与第一种思维模式相比，第二种思维模式更值得参考。它体现了婚姻生活的智慧，即提前明确自己的底线，能帮我们实实在在地减少伤害。

幸福的家庭都是相似的。要想拥有一个

记下你的心得体会

58

幸福的家庭，早早确定双方的禁区和底线，深入了解和交流是明智稳妥的做法。常见的底线诸如：不忠诚、对父母不敬、暴力等。此外，有些人无法接受自己的伴侣随意地提出离婚；有些人无法接受不将宠物视作家人；有些人无法接受离家出走，诸如此类。早早圈定婚姻的禁区，明确彼此的底线，不仅能减少没有必要的摩擦，还能让我们在通往幸福婚姻的道路上少走很多弯路。

方法六：幸福的婚姻不需要算计

在婚姻关系中，婚姻双方无法计算彼此的付出和获得，做不到绝对意义上的公平。算计或许是为了公平，有这样的想法，完全可以理解。但是，如果在婚姻关系中，算计是为了自己的利益而不顾他人甚至损害他人的利益，那是绝对不能被接受的。幸福的婚姻不需要算计，所有处心积虑的算计都是在为离婚作准备。

我们永远不能保证，只要全身心投入，就一定能获得幸福。可是，如果在婚姻中始终不肯投入，一味地算计，或许你能得到一段长久的婚姻，但是永远得不到幸福的婚姻。因为幸福是个人的主观感受，是浸透式的，就像你坐在泳池边的太阳椅上，无论椅子离泳池多近，你也感受不到泡在水里的感觉。你无法全情投入婚姻，就无法感受到婚姻的幸福。

【知识卡】

爱情中常见的心理学效应

1. 贝勃规律：第一次提分手的时候，对方一定会愣很久，后续也会有很多动作来求和，缓和关系。但是，在多次说分手的时候，你会发现，对方已经麻木了。因为第一次提分手，对方已经受了很大的刺激，后面再提分手，对方已经无所谓了。

2. 登门槛效应：两人刚见面你就想跟对方约会，这简直比登天还难。倒不如你先请对方帮你几个小忙，你再以感谢为理由请对方吃个饭，这样一来，对方心理上更容易接受。

3. 罗密欧与朱丽叶效应：在男生求爱期间，适当给他设置一些困难门槛，会让男生爱你更深。因为来之不易的爱情，往往会更加珍惜。

4. 赫洛克效应：正如每天都说"我爱你""遇见你真好""你好厉害"一样，每日一句甜蜜的话，一句赞美的话，都能让双方的爱情与婚姻更加幸福和稳定。

5. 瓦伦达效应：你越重视对方的反馈，越在意一个人，就越难追到对方。因此，一定要提升自己的自信，放手去做自己，这样更容易成功。

6. 罗森塔尔效应：当你希望你的男友或者老公有上进心时，与其每天叫他加油，不如暗示他是一个很优秀的人，一定会有所作为。当你对他的能力充满期待时，他也会更用心地经营自己。

7. 长尾效应：感情是可以培养的，同时，感情也可能会磨损消耗。一对情侣最后的结局如果是分开，原因从来不在于压死骆驼的最后一根稻草，而在于日常的每一次相处和交流。

8. 拍球效应：如何防止情侣、夫妻吵架时越吵越凶，甚至翻出以前的事来，导致一发不可收拾呢？办法就是有一个人退出吵架。比如，出门遛个狗或者进房间睡个觉，离开吵架现场，冷静下来，之后就不想继续吵了。

9. 晕轮效应：晕轮效应又称为光环效应，常常出现在暧昧期和热恋期。因为有晕轮效应的存在，会让双方看不清彼此的缺点，甚至认为对方是完美的。女生一定要提醒自己，不受晕轮效应的影响，避免遇到渣男。

10. 感觉适应现象：不论最后你选择了红玫瑰还是白月光，跟谁相处久了都会有觉得腻的时候。选择了红玫瑰，那么白月光就成了心里爱而不得的冲动，这就是感觉适应现象。保持爱情新鲜感的一大妙招就是不断更新自己。

小结

1. 婚姻泛指婚龄男女以夫妻名义在经济生活、精神物质等方面自愿长期结合。

2. 评估婚姻现实共有六个维度：性格相容维度、情感亲近维度、关系契合维度、社会属性维度、生存现状维度和亲子养育维度。

3. 婚姻中良好的沟通技巧能够让夫妻感情更加稳定，生活更加幸福。常见的四个沟通技巧：有话好好说、有效沟通、展开亲密对话和表达喜爱和赞美。

4. 性生活是婚姻生活中的一个重要内容。在夫妻性生活中，需注意：不要谈"性"色变；注重身体和心理的结合；"前戏"很重要，"后戏"也不能忽略。

5.追求幸福婚姻的六种方法：理性地选择信任，感性地表达理解；爱是给予，而非索取；学会以己度人，将心比心；打破心理错觉，如实看待对方；明确彼此在婚姻生活中的底线；幸福的婚姻不需要算计。

反思·实践·探究

下面这个任务需要你花三天时间来完成，即描写对自身婚姻状况的观察。这个方法不仅有益身心，而且能够使婚姻关系更加美满持久。

第一天：花十分钟写一写你内心深处对当前婚姻关系的感觉，请不要有顾虑，无拘无束地写出你的真实情感和想法。

第二天：想一想你认识的某个婚姻状况不如你的人，然后写出三条重要的理由，说明为什么你的婚姻关系比他的好。

第三天：写出你的伴侣拥有的某种积极品质，说明为什么这个品质对你来说如此重要。接着，写出你的伴侣具有的某种缺点（也许是性格、习惯或者行为方面的缺点），然后写出以什么样的方式可以让你的伴侣改掉这个缺点，或者让这个缺点能够促使你们更加亲密。

平衡家庭关系

婚姻与家庭

【知识导图】

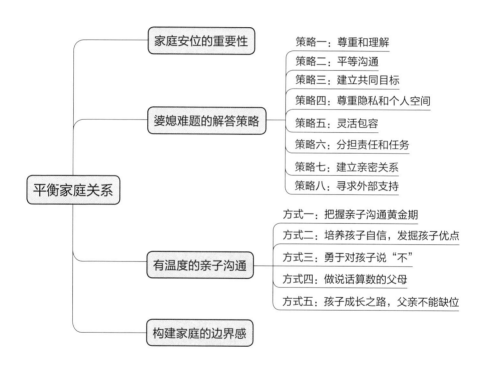

平衡家庭关系
- 家庭安位的重要性
- 婆媳难题的解答策略
  - 策略一：尊重和理解
  - 策略二：平等沟通
  - 策略三：建立共同目标
  - 策略四：尊重隐私和个人空间
  - 策略五：灵活包容
  - 策略六：分担责任和任务
  - 策略七：建立亲密关系
  - 策略八：寻求外部支持
- 有温度的亲子沟通
  - 方式一：把握亲子沟通黄金期
  - 方式二：培养孩子自信，发掘孩子优点
  - 方式三：勇于对孩子说"不"
  - 方式四：做说话算数的父母
  - 方式五：孩子成长之路，父亲不能缺位
- 构建家庭的边界感

他是世界上最快乐的，因为他的家庭和睦。

——歌德

家庭安位的重要性

所谓"家庭安位"，就是家庭成员各安其位，母亲在母亲的位置上，父亲在父亲的位置上，各在其位，家庭就好了。

德国著名心理治疗师海灵格（Bert Hellinger）曾提出家庭成员的序位排列。在一个家庭中，首要的是夫妻关系；其次是亲子关系，如果有多个孩子，要按照孩子的年龄顺序来确定序位；再次是和大家庭的关系，近一些是和父母的关系，远一些是和亲戚的关系。在生活中，你会发现，把夫妻关系放在首位的家庭，一般都过得很幸福，而序位错乱的家庭，往往矛盾丛生。只有家庭成员的关系理顺了，生活才能顺利。

心理学家找来多位妈妈，给她们每人三个空杯子，分别代表自己、丈夫和孩子。然后，再给她们满满一杯水，让她们把这杯水分到三个杯子里。实验结果惊人一致：自己和丈夫杯中的水加起来只有三分之一，其余三分之二都给了孩子。然后，实验者把实验对象换成了爸爸，分水结果如出一辙。

心理学家得出结论：在中国绝大部分家庭里，亲子关系是凌驾于夫妻关系之上的。也就是说，家庭关系的运转是以孩子为中心的。

然而，凡是把孩子放在第一位的家庭，等待这个家庭的多是悲剧。亲子关系一旦超越了夫妻关系，这个家庭就开始走向畸形，很多"巨婴"就是在这种以孩子为中心的家庭环境中长大的。没有好的夫妻关系作为基础，对孩子的教育就会事倍功半。父母相爱，关系和谐，孩子才能走向独立。心理学家武志红说过：只有当夫妻关系是家庭的核心，拥有第一发言权时，这个家庭才会稳如磐石。

婆媳难题的解答策略

婆媳关系是家庭中常见的复杂关系之一，既牵扯到家庭和谐和稳定，也直接关系到家庭成员的幸福感。然而，由于婚姻双方在成长环境、价值观念等方面存在差异，婆媳之间的矛盾和摩擦时有发生。常见的婆媳矛盾主要表现在以下七方面。

第一，孩子谁带。孩子由谁来带，往往是婆媳之间最大、最先出现的矛盾，同时也是最直接的利益冲突，直接导致婆媳之间埋下怨恨和不满的种子，随着时间的推移而生根发芽，到最后不是矛盾爆发，就是关系崩塌。

第二，孩子的养育方式。婆媳双方常常因为彼此育儿理念不同、想法思维不同，互相看不惯对方带孩子的方式而产生矛盾。当婆媳之间已经存在矛盾时，还会将矛盾传递给孩子。比如，对孩子说诸如"我才对你好，不要听你妈妈 / 奶奶的"这样的话。也有婆媳因为孩子的养育方式问题互相指责和数落。媳妇见不得婆婆溺爱孩子，婆婆见不得儿媳对孩子严厉。

第三，生活习惯。老一辈人生活勤俭、节约、有规律，总喜欢在生活上监督和批评年轻人。年轻人有年轻人的生活方式。当儿媳长时间无法忍受婆婆的监督、批评和生活习惯时，糟糕的情绪在心中积压，慢慢会通过一件件小事转化为很大的愤怒。

第四，边界不清。年轻人既要得到父母在生活上和经济上的帮助，又难以忍受父母对自己生活的干涉。管不一定就是爱，也有可能是害；干涉不一定就是担心，也有可能是负担。特别是小两口儿闹矛盾的时候，最怕婆婆没有边界，介入其中，偏心和偏袒儿子或是在一旁煽风点火。

第五，存在敌意。这是最大、最严重的问题，包括一方对另一方的故意欺压，一方想绝对掌控另一方，以及一方总把另一方当外人一样戒备。什么事情都按照自己的意愿来，凭着自认为的应该去控制与改变他人。

第六，权力斗争。这个家究竟谁做主？这个问题是导致很多婆媳矛盾的根本原因。如果在一个家庭中，婆婆和媳妇之间存在着明显的权力差距，婆婆或者媳妇中的某一方拥有压倒性的权力优势，那么这样的家庭几乎不会出现婆媳矛盾。

记下你的心得体会

第七，男人常常隐身。婆媳关系的本质应当是四角关系，即两个男人和两个女人的战争。从家庭关系上来说，儿媳跟儿子组成一个家庭单位，婆婆跟公公组成一个家庭单位。然而，现实生活中常常是婆婆和儿媳针锋相对，儿子夹在中间左右为难，帮了媳妇会感觉愧对母亲的养育之恩，帮了母亲又感觉伤了夫妻之间的感情，而公公呢，往往是坐在一旁一言不发，成了隐形人。

要改善婆媳关系，需要婆媳双方共同努力。这里给大家分享八个解决婆媳关系难题的策略。

策略一：尊重和理解

尊重和理解是建立良好婆媳关系的基石。婆媳双方应该尊重对方的独立性和个性差异，并试着理解彼此的立场和感受。婆婆要尊重儿媳的生活习惯和决策权，而儿媳也应该理解婆婆的生活经验和价值观。

策略二：平等沟通

平等沟通是解决婆媳问题，增进婆媳理

解的关键。婆媳双方应该平等对待彼此，倾听对方的意见和建议，并在沟通中表达自己的观点。建立一个开放、互相尊重的沟通氛围，可以减少误解和冲突的发生。

策略三：建立共同目标

在婆媳关系中，建立共同目标对于促进婆媳关系和谐非常重要。双方可以一起制订家庭规划和目标，共同努力实现。这样可以让双方更加紧密地合作，减少矛盾和分歧。

策略四：尊重隐私和个人空间

在婆媳相处中，尊重对方的隐私和个人空间是非常重要的。婆婆应该给予儿媳足够的空间和自由，不过分干涉儿媳的私事。同样，儿媳也应该尊重婆婆的隐私和个人空间，不越界。

策略五：灵活包容

在婆媳关系中，灵活包容是缓解婆媳矛盾和冲突的有效策略。婆媳双方应该学会妥协和包容，不固执己见。当出现分歧时，可以通过妥协和寻找共同点的方式，而不是争吵和对立的方式解决问题。灵活包容意味着双方愿意放下个人利益，以家庭和谐为重，共同寻找解决方案。

策略六：分担责任和任务

在家庭生活中，分担责任和任务是促进婆媳关系和谐的重要一环。婆媳双方可以共同分担家务和照顾孩子的责任，互相支持和帮助。这样可以减轻一方的压力，增进彼此之间的合作与理解。

策略七：建立亲密关系

亲密的婆媳关系是通过相互了解和沟通建立起来的。婆媳双方可以多交流，分享彼此的生活经历和感受，培养共同话题和兴趣爱好。婆媳之间建立亲密关系可以增强婆媳之间的信任和情感连接，使婆媳关系更加融洽。

策略八：寻求外部支持

有时候，婆媳之间的矛盾和冲突可能难

以自行解决。在这种情况下，寻求外部支持是明智的选择。可以向亲友、婚姻家庭咨询师或专业机构寻求帮助和指导。他们可以提供客观的观点和解决问题的方法，帮助双方化解矛盾。

要建立和谐的婆媳关系，需要婆媳双方共同努力和理解。尊重和理解、平等沟通、建立共同目标、尊重隐私和个人空间、灵活包容、分担责任和任务、建立亲密关系和寻求外部支持，是助力婆媳良好关系的八大策略。通过这些策略，婆媳双方可以建立起良好的互动模式，增进彼此之间的理解和信任，创造一个和谐幸福的家庭环境。

有温度的亲子沟通

为人父母是件苦乐参半的事，可能很无聊、很沮丧、很失望、很伤透脑筋，也可能很有趣、很快乐、很有爱、很美好。亲子教养的核心是亲子关系。如果把人比作植物，亲子关系就是土壤。良好的亲子关系支持和滋养孩子，让孩子得以成长，反之，较差的亲子关系则会阻碍或抑制孩子成长。少了可以依靠的亲子关系，孩子的安全感就会受损。以下五种方式，是为有亲子关系困惑的你提供的一些建议。

方式一：把握亲子沟通黄金期

孩子 12 岁之前，特别是 1—6 岁，是亲子交流的黄金期。父母应该把握这个亲子沟通的关键时期，和孩子建立良好的亲子关系。

第一，关注孩子的一切。父母的积极关注是形成良好亲子关系的关键。亲子关系强调父母和孩子之间的亲密互动，在这个互动过程中，让孩子对父母形成信任、依赖和安全的感觉。这一切有赖于父母的关注和主动行动。换句话说，父母是不是有很强烈的爱孩子的诉求和行动，如果有，那么就可以促进形成良好的亲子关系，促进儿童的发展和成长。

第二，向孩子表达"我很需要你"。孩子享受被爱，更享受被需要的感觉。如果可以，明确地请孩子帮忙，让孩子做一些力所能及的事情，这样，亲子关系会更稳定。

第三，给孩子营造安稳的成长环境。人在幼年的时候，最重要的需求之一就是安全感。对一个幼小的孩子来说，熟悉的环境、慈爱的父母、亲切的伙伴，更容易让他形成阳光、健康的心理。当孩子对一个地方或一个人产生依恋时，他就会对这个环境表示理解，表达爱意。这种外部的安稳环境的建设，对于形成良好的亲子关系有很大的作用。

12 岁之后，孩子进入青春期，在这个时期，亲子关系建设的重点也要有所转变，无微不至地悉心照料和问候可能会引起青春期孩子的反感，破坏已经建立的良好的亲子关系。在这个时期，亲子关系最重要的原则是尊重。尊重的方法之一是学会倾听。同时，父母要与孩子保持一定的距离。给青春期孩子足够的空间和尊重，让他们去体验、反思、觉醒，他们才能够体会付出努力带来的成就感，并且从中感受到父母对自己的尊重。这种理解和尊重对于青春期亲子关系的建设非常重要。

记下你的心得体会

方式二：培养孩子自信，发掘孩子优点

信任是父母给孩子的珍贵礼物，是孩子成长的一种重要动力。当孩子得到父母的信任后，就会有一种底气，这种底气会产生一种向上的推动力，让孩子变得越来越好。要想让孩子拥有自信，父母需要发自内心地接纳孩子，并让孩子相信自己。

要想充分挖掘孩子身上的优点，可以从以下三个方面入手。

第一，给孩子积极的评价，不用侮辱性的字眼批评孩子。在现实生活中，有些父母过于挑剔，总是对孩子处处不满，孩子稍有闪失就絮叨不停，对孩子身上的优点却视而不见。父母在批评孩子甚至训斥责骂孩子时，话语带有极强的侮辱性，极大地伤害了孩子的自尊心、自信心，最终导致了亲子间冷漠和相互仇视。

第二，不给孩子贴负面的标签。父母一定要相信自己的孩子有优秀的品质。真正的教育是唤醒孩子心中沉睡的巨人。就算孩子

做了错事，孩子本质上也不坏，没有那么狡猾和恶劣。孩子爱冲动，喜欢恶作剧，偶尔不明事理。一定要强化父母这个意识，即如果父母让孩子相信自己是个品质好的人，那么他就有可能改正错误。千万不能让孩子破罐子破摔，父母给孩子贴上负面的标签，说孩子是坏蛋，孩子就真的成为坏蛋了。

第三，激励孩子，让孩子反复体验成功的感觉。过去我们总是说"失败是成功之母"，实际上成功才是成功之母。反复体验成功的孩子，往往会形成正向的循环，变得越来越有自信，所以，作为父母，当我们发现孩子进步时，都应该给予鼓励，尽可能让孩子拥有更多成功的体验。

方式三：勇于对孩子说"不"

想让孩子获得真正的成长，就要敢于并且及时对孩子说"不"。有这样一个小故事：一个担任过大学校长的父亲问女儿："你认为什么样的父亲才算是好父亲？"在北大读书的女儿是这样回答的："好父亲就是90%的温柔加上10%的冷峻。"其中，我们可以看出，"90% 的温柔"就是指父亲要经常发现孩子的优点，并适时地给予鼓励和表扬；而"10% 的冷峻"就是指父亲在该拒绝的时候要威严起来，坚决说"不"。

为什么不顺着孩子的心意，却偏要对孩子说"不"呢？第一，跟孩子说"不"，能让孩子学会分辨是非，学会控制自己。第二，跟孩子说"不"，才能让孩子学会独立。父母要学会对孩子放手，让孩子走出家庭的温室，勇敢面对外界的挑战。

父母在对孩子说"不"的过程中，要特别注意两个问题。第一，父母要以符合孩子身心发展水平的方式与孩子交流。第二，孩子只有获得自由，才会有主动的节制。没有节制的爱，只是一味地顺从、讨好孩子。只让孩子做那些让孩子快乐的事，没有教孩子做那些虽然不快乐但也要接受和必须做的事，这样的爱是一种软暴力，是会害了孩子的。只有学会了等待，学会了节制，孩子才能真正地成长。因此，父母要理性分析孩子的需求，合理的需求可以满足，可有可无的需求要限制，不合理的需求要坚决拒绝。

记下你的心得体会

方式四：做说话算数的父母

中国青少年研究中心调查发现：在中小学生最不满意父母的十二种行为中，有43.6%的孩子选了"父母说话不算数"这一条，选择这一行为的人数在十二种行为中位居第一。

作为父母，可以批评和责怪孩子，但不可以欺骗孩子，因为欺骗是对孩子最深的伤害。父母的一言一行都是孩子模仿的榜样，如果父母言而无信，不仅会让孩子感到失望，也会阻碍孩子今后成长为一个信守承诺的人。不少父母之所以对孩子言而无信，主要是因为他们并没有将孩子看成是平等、独立的个体，而只是将孩子看作自己的附属品。在这种想法下，大人理所当然地认为自己只是在哄孩子玩，而并没有把说出的话当作承诺去认真遵守。要当一个不骗孩子、言而有信的父母，就要做到：

第一，不要轻易许诺。父母对孩子作出承诺之前，要考虑周全，权衡自己是否具备履行诺言的能力。如果父母能力有限，承诺

记下你的心得体会

实施起来有困难，就不要轻易答应孩子的要求。一旦作出了承诺，父母就要认真遵守诺言。特别是年轻的父母，不要认为孩子小，随便哄哄没关系。要记住，父母的行为会直接影响孩子人格的发展。要记住，绝不能把许诺变成哄骗。

第二，做孩子秘密的守护者。在亲子交流中，一旦孩子向父母敞开心扉，和父母分享了一个秘密，如果父母答应了孩子，不会说出去，那么即便是为了孩子好，父母也不该出尔反尔，出卖孩子。要知道，孩子愿意主动和父母沟通，这份信任非常难得。如果父母辜负了孩子，对孩子的伤害会非常大，很可能会让以后的亲子沟通障碍重重。父母尊重孩子，替孩子保守秘密，孩子才懂得什么叫诚信，将来才会尊重别人，为别人保守秘密。

方式五：孩子成长之路，父亲不能缺位

父亲在孩子的成长过程中担任着很重要的角色，这关系到孩子的体格成长、个性品

质的形成、智力的发育、交往能力和性别角色的正常发展。因此，在孩子的成长路上，父亲不可缺位。成为一个合格的父亲需要具备以下品质。

第一，是非分明，坚持原则。父亲应及时纠正孩子的不良言行，是非分明，坚持原则，培养孩子的规则意识，这是父亲肩负的特殊的责任。

第二，胸怀宽广，大度包容。面对青春期的孩子，父亲要胸怀宽广，大度包容。如果没有宽广的胸怀和包容的精神，父亲将难以与孩子对话和沟通。

第三，勤劳节俭，自律自制。对孩子来说，养成勤俭自制的习惯，会深刻影响其一生的命运。父亲要为孩子做好表率。

第四，爱运动，顽强不屈。运动绝不仅仅能强壮身体，更能为心灵赋能。父亲在运动这方面比母亲有优势。父亲是孩子运动最好的榜样，也是孩子最好的教练。

要成为好父亲，应该怎么做呢？

第一，做智慧型父亲，尊重孩子的独立人格。父亲要避免简单粗暴，用更有智慧的方法来对待孩子成长中出现的问题。首先要做到的便是尊重孩子的独立人格，即尊重孩子的未成熟状态，尊重孩子选择的权利和犯错误的权利。

第二，做宽容型父亲，让孩子在体验中快乐成长。苏霍姆林斯基曾说过："有时候宽容引起的道德震动比惩罚更强烈。"可以说，宽容是一种智慧，是一种特殊的爱，是一种胜过惩罚的教育。父亲有了宽容之心，教育效果会格外明显，因为严父的宽容让孩子更为难忘。

第三，做体贴型父亲，让孩子感受到父爱。孩子需要一个能摸得着、看得见的父亲，一个体贴的父亲。要做到这一点，父亲需要突破两大障碍：一是勇于表达爱；二是学会表达爱。心理学研究表明，来自父亲的关爱会让孩子的安全感得到极大的满足，男孩会因此更大胆，敢于探索未知的世界，敢闯敢干，充满探索与冒险的意识。来自父亲的关爱会使女孩更温柔，父亲的温情与欣赏让她知道如何成长为一个好女孩，让她在与异性打交道时更自信。

记下你的心得体会

第四，做沟通型父亲，学会与孩子沟通。著名哲学家苏格拉底说过一句话："自然赋予我们人类一张嘴，两只耳朵，就是让我们多听少说。"当孩子表达出沟通的需求时，父亲要放下手中的事情，把注意力集中在孩子身上。专注的做法是：用眼睛望着孩子，用心去听孩子的话。同时，父亲也需要学会恰当的表达与沟通。当孩子体验到成功时，父亲要学会用描述性的方式来表扬孩子；当孩子犯错误时，父亲也要学会用描述性的方式来批评孩子；当孩子受挫折时，父亲更要用积极的语言鼓励孩子。

构建家庭的边界感

每个人都来自家庭，也会去组建新的家庭，但很少有人真正想过，家庭对每个人来说，除了是一个实体的庇护所，还意味着什么。

家庭是指在婚姻关系、血缘关系或收养关系基础上建立的，以情感为纽带，由亲人构成的社会生活单位。家庭关系使我们在这个世界上与一些人保持持续的情感联结，获得安全感、认同感和归属感，是我们体验和建立亲密关系的重要单元。

既然家庭是一个社会生活单位，为何我们还要探讨家庭关系中的"边界"呢？

边界是结构式家庭治疗的一个概念。结构式家庭治疗的核心理念是：通过家庭成员的互动模式来理解和调整家庭成员的行为。从这个角度来看，我们不会简单地认为是家庭中的某一个人出了问题，而是会考虑家庭成员间的互动模式是否存在不妥当的地方，其中就包括边界模糊混乱。

合理家庭边界最根本的要求是：家庭成员之间互相尊重，包容彼此在各自事务上独立的看法、立场和选择，而不过分干涉其他家庭成员，同时也不接受其他家庭成员的过分干涉。有的读者会问：难道全家人一团和气，不分你我，不好吗？为什么非要讲边界那么生分呢？

其实，合理边界是家庭成员形成良好互动模式的基本保证。在一个拥有健康的亲子关系、边界清晰的家庭中，每个家庭成员之间彼此联结——都对家有一种"归属感"，每个家庭成员也都各自分离——都具有"独立性"。这样，每个家庭成员才能承担相应的角色与责任。而这种分离，并非指家庭成员之间互不关心或者断绝关系，而是互相尊重彼此作为个体的独立性与边界。在实现了这种分离之后，家庭成员才能成为一个"依靠自我力量获得价值判断、情感反应与行为模式的独立个体"，而不再依赖父母去理解和应对这个复杂的世界。正是在这种分离的过程中，家庭成员才能逐渐理解哪些东西是"我的"，哪些东西是"父母的"，逐渐获得一种"自我感"，会越来越清晰地意识到有一个"自己"存在。

　　只有与原生家庭分离，才能让个体更好地与家庭之外的其他人建立亲密关系。孩子从被父母主宰，到和父母"分手"，在这个过程中，孩子体会到拒绝与妥协、理解与被理解、既不被抛弃也不被吞没、有付出也有索取。孩子学会与他人建立一种清晰的、可以联结又相互独立，有个人边界的亲密关系。不过，这种分离的过程并不容易。父母或家庭中的其他成员可能将个体分离的举动看作是一种对家庭的"背叛"，而进行指责和百般阻挠。另外，个体也可能因为害怕"失去"家人的支持或害怕独自承担责任和后果，在分离的过程中表现得犹豫和胆怯。

在东方文化里，情感关系的亲密度常常表现为彼此联系的紧密度，孝顺父母在很大程度上强调"顺"字。什么叫"顺"呢？有的人将"顺"理解为父母怎么说，我就怎么做。既然父母为我付出了那么多，也总希望我好，那么我凡事都要听父母的话，这就是对父母养育之恩的一种回报。在这样的心态下，当个体想到要与原生家庭间形成边界时，往往会有很强的罪恶感，好像自己在预谋一件大逆不道的事儿一样，心理负担非常重。

回想我们小时候，我们可能觉得成天待在父母身边最踏实，最有安全感。我们可能不想去上学，担心父母把我们送到学校后就不再来接我们了。而爱我们的父母，不管心里有多么不忍，也会明白到了上学的年纪，就不能让孩子再继续守在自己身边。因此，不管孩子哭闹得多厉害，父母都会坚持让孩子上学。等个体成长到有能力组建自己的家庭时，个体应该也要有相应的成熟度来坚持做一些不容易却必要的决定，那就是建立和维护与原生家庭间的边界和分寸。你要明白，合理的家庭边界不仅可以为你的亲密关系带来成长的空间，也是对父母成熟、理智的爱护和孝顺。

到底怎样与原生家庭建立合理的边界呢？

第一，要有独立自主的思想以及独立生活的能力。要想维护好亲密关系，与原生家庭建立合理的边界，需要我们有相应的成熟度和独立性，这点非常重要。如果生活中的方方面面还要父母来庇护操心，单单指望父母在亲密关系方面把自己当成一个成熟的、独立的个体来对待，那就不太现实了。与父母划定合理的边界，既要按照自己的意愿，拒绝父母无边界的介入，也要避免总是向父母征询意见或建议，对父母予取予求。在与父母分离的过程中，个体也需要学会尊重父母的边界。如果个体一方面要求、享受着父母始终把你的需求当作他们生命的重心，一边要求父母尊重你的独立性，那么这对父母来说就太不公平了。

第二，重行为，轻语言。要注重自己的行为传递出的信息。有人会在父母干预让自己很烦或者父母干预引起激烈冲突时，口头上宣告一下主权。比如，对父母说："我的事儿，你别管！"但在行为上却继续接受父母的过度介入。如果个体的行为与言语表达互相矛盾，那么在言语上划定边界不会有太大作用。实际的行为对关系模式边界的界定比言语来得更生动、直接、有效。如果光喊独立的口号，要求父母不要干预你的亲密关系，但执行起来总是妥协退让，那你的亲密关系与原生家庭间的边界多半会模糊不清。

第三，行为的重复和坚持。建立合理的家庭边界还需要个体的行为有一定的稳定性，需要一个重复和坚持的过程。这个过程建立在个体对合理的家庭边界不偏执的理解和心态平和的执行上。比如，你有心调整一下与妈妈过度分享的做法。于是，你决定不告诉妈妈你先生最近借了几万块钱给他的朋友而你并不太赞成这件事。这种选择可以算作维护了夫妻内务和原生家庭间的边界。然

记下你的心得体会

后，隔天你的妈妈问你："我看你先生的心情好像不太好，你们之间没什么事儿吧？"你说："是啊，他前段时间非要买股票，结果赔了好多钱，我们今年本来要出国玩儿，但只能取消了。我正跟他怄气呢！"这个情绪化的抱怨性倾诉，在很大程度上抵消了之前你对和妈妈之间合理边界的维护，因为你对边界的界定和维护缺乏稳定性。再比如，有的人对家庭边界的维护比较情绪化，今天遇到某件事儿觉得父母特别烦，就一刀切地拒绝父母给予的所有关心和帮助；隔天又觉得过意不去，在自责和愧疚的情绪推动之下，又反转到一切全听父母的。一会儿有特别大的隔阂，一会儿完全没有边界，两个极端都不能算是合理的，这样的大起大落无法建立清晰的家庭边界。

第四，"管好"自己的家人。与原生家庭建立合理边界，最好是夫妻两人能分别拒绝各自父母对亲密关系的过度介入和干扰。如果你的行为透露出你对合理边界的看重，会对你的家人起到示范作用。相反，如果你对家人的过度介入和干扰显得无所谓，那么你的家人也不会觉得有尊重你的亲密关系的必要。建议有意识地养成一个好习惯：涉及夫妻双方的事儿，先和对方商量，再作决定。哪怕父母的意见只涉及很小的事儿，甚至你预期对方一定会同意，也要先与对方商量。这既能维护亲密关系，也能向父母示范你对合理边界的看重。比如，妈妈打电话说周日有亲戚会来，要你们一起回家吃晚饭。在这样的情况下，如果周末没有别的安排，很多人会先答应下来，然后再转告对方这个既定的安排。但是，从建立合理边界的角度出发，你需要先和对方商量，然后再回复妈妈。哪怕你已经决定这个饭一定要去吃，告诉家人你需要先和对方商量，是对合理边界的维护和示范。事情本身可能很小，这不重要，重要的是你有心与对方商量，并且让你的家人感受到你对对方的尊重和在乎。常有人劝自己的另一半：这也不是什么大不了的事儿，我们就顺着父母的意思吧！又或者：我爸和我妈把我养大不容易，你就忍一忍吧。然而，忍到忍不住时，总会爆发矛盾，反而给两个人和彼此的家人带来很大的伤害。

记下你的心得体会

【知识卡】

亲子关系中的边界溶解

边界溶解指的是父母无法认可孩子心理上的独特性，难以意识到孩子心理上的分离，导致亲子边界模糊。边界溶解意味着父母不能够或是不愿意把孩子看作一个独立的个体。这也就是我们日常所说的"父母没有边界感"。边界溶解包括两个维度：包络和侵入。

包络是指父母和子女间"我"和"他"的身份模糊。包络是一种令人窒息的状态，例如，父母过度参与孩子的生活，自作主张地认为自己和孩子想法一样，等等。

侵入是指父母不尊重孩子的边界和自由，父母高高在上地发出命令，强行要求孩子"你得和我想法一样"。侵入还包括父母对孩子的精神控制和过度保护。

父母没有边界感的行为，既有包络，又有侵入。无论哪种形式，无疑都会给孩子带来诸多痛苦。

小结

1. 把夫妻关系放在首位的家庭，一般都过得很幸福，而序位错乱的家庭，往往矛盾丛生。只有家庭成员的关系理顺了，生活才能顺利。

2. 解决婆媳关系难题的八个策略：尊重和理解、平等沟通、建立共同目标、尊重隐私和个人空间、灵活包容、分担责任和任务、建立亲密关系和寻求外部支持。

3. 有温度的亲子沟通包含：把握亲子沟通黄金期；培养孩子自信，发掘孩子优点；勇于对孩子说"不"；做说话算数的父母；孩子成长之路，父亲不能缺位。

4. 合理家庭边界最根本的要求是：家庭成员之间互相尊重，包容彼此在各自事务上独立的看法、立场和选择，而不过分干涉其他家庭成员，同时也不接受其他家庭成员的过分干涉。

反思·实践·探究

案例一：小丽和婆婆已经共处多年。刚开始，她们因为家庭习惯的不同产生了一些摩擦。小丽是个注重卫生的人，而婆婆则习惯于农村的生活方式。在家务分工和饮食习惯上，她们也常常发生争执。然而，随着时间的推移，她们逐渐学会了相互理解和包容。小丽体谅婆婆对农村生活的留恋，婆婆也尊重小丽的卫生习惯。她们共同商量解决问题的方法，共同分担家务，最终建立了一种相互尊重和谐相处的婆媳关系模式。

案例二：小芳和婆婆是一对相互支持的婆媳。小芳是一位年轻的职业女性，工作忙碌，而婆婆则退休在家。小芳工作忙碌时，婆婆经常帮她打理家里的事务。而婆婆有事需要帮忙时，小芳也会全力以赴。她们婆媳相互扶持，共同照顾家庭，让家的氛围更加融洽。在面对困难和挑战时，她们也相互支持，共同渡过难关。

案例三：小丽和婆婆是一对患难见真情的婆媳。婆婆年老体弱，生活上需要小丽照顾。虽然小丽工作繁忙，但她总是尽心尽力地照顾婆婆的生活。在婆婆生病住院期间，小丽更是日夜陪伴在婆婆的身边。通过相互扶持和陪伴，小丽和婆婆建立起了深厚的感情。婆婆深知小丽的好，也对小丽抱有无限的感激。相知相守的岁月让她们更加明白，婆媳也可以成为真心相待的朋友。

上述案例给你带来了哪些启发？请结合前文内容思考如何更好地处理婆媳关系。

家庭暴力与应对

婚姻与家庭

【知识导图】

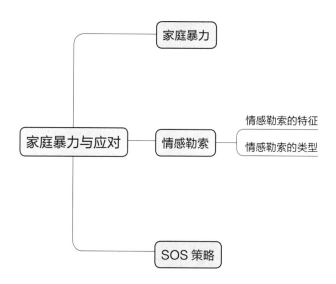

家庭暴力一旦开始，就只能和婚姻一起结束，不要相信施暴者说的可以改的谎言。

——佚名

家庭暴力

家庭暴力，即家暴，指在家庭关系中发生的暴力行为。《中华人民共和国反家庭暴力法》将家庭暴力界定为"家庭成员之间以殴打、捆绑、残害、限制人身自由以及经常性谩骂、恐吓等方式实施的身体、精神等侵害行为"。

按照表现形式，可以将家庭暴力分为以下四类。

第一类：身体暴力。身体暴力又称躯体暴力。家庭中发生的身体暴力是指某位家庭成员对其他家庭成员蓄意使用体力或使用武器，伤害或残害对方的行为，包括推搡、抓夺、击打、捆绑、踢人、鞭打或枪击等。

第二类：情感暴力。情感暴力又称心理暴力。家庭中的情感暴力是指某位家庭成员对其他家庭成员的诋毁、嘲弄、威胁和恐吓、歧视、排斥、忽视和其他非身体形式的敌意对待。

第三类：性暴力。由某位家庭成员对其他家庭成员强行施加的性行为、性行为企图或其他直接针对受害人性特征的强迫行为，行为人与受害人有可能是伴侣关系，也可能是其他家庭关系。

第四类：经济控制。施暴者通过对夫妻共同财产和家庭收支状况的严格控制，摧毁受害人自尊心、自信心和自我价值感，以达到控制受害人的目的。

按照受害者类型划分，可以将家庭暴力分为以下三类。

第一类：亲密伴侣暴力。亲密伴侣暴力是指发生在夫妻之间一方针对另一方进行的躯体、精神或性侵犯行为（在恋爱双方之间发生的暴力通常被称为"约会暴力"）。亲密伴侣暴力通常包括躯体攻击行为（例如，踢打、击打），精神虐待（例如，胁迫、蔑视和羞辱），强迫的性行为，其他形式的性胁迫和各种管制行为（例如，隔离、监视）等。

第二类：儿童暴力。儿童暴力是指在家庭关系中对 18 岁以下儿童进行的一切形式的暴力行为，施暴者可能是儿童的父母或其他监护人，以及家庭关系中除父母和监护人以外的其他家庭成员。儿童暴力通常包括父母或其他监护人对儿童的忽视或虐待，童婚、早婚或强迫婚姻，以及对儿童施加的其他暴力行为等。

第三类：老年人暴力。老年人暴力是指在家庭关系中对老年人实施的一次或多次不恰当的、给老年人带来伤害或造成不幸后果的暴力行为。老年人暴力包括对老年人的身体暴力、精神和心理暴力（例如，忽视与漠视）和性暴力。家庭成员对老年人实行经济和物质虐待也是一种针对老年人的暴力行为。

现代文化中充斥着对施暴者的一些错误观点（具体见知识卡"关于施暴者的错误观点"）。从某种意义上讲，施暴者就像一个恶意的魔术师，他通过耍花招把受害者往错误的方向带，分散受害者的注意力，让受害者误以为是自己的错误，不让受害者看到他真

记下你的心得体会

正的意图。在伴侣、亲朋好友、心理治疗师和社会工作者面前，施暴者往往会给自己的行为编造各种理由。然而，让施暴者自己来分析和解释他们的行为和问题，本身就是大错特错。因为施暴者的自知力差，缺少对自己行为和问题的客观认知。

【知识卡】

关于施暴者的错误观点

1. 小时候受过虐待。

2. 前任伤害了他。

3. 被家暴的都是他最爱的人。

4. 太过压抑自己的情绪了。

5. 生性冲动。

6. 失去了控制。

7. 太生气了。

8. 精神不正常。

9. 讨厌女人。

10. 害怕与人建立亲密关系，也害怕被抛弃。

11. 自卑。

12. 上司虐待他。

13. 不善交流，不善于解决冲突。

14. 女性施暴者的人数不少于男性。

15. 施暴行为给他和伴侣都带来了伤害。

16. 种族歧视的受害者。

17. 酗酒或者吸毒。

来源：《他为什么打我：家庭暴力的识别与自救》，北京联合出版有限责任公司，2021 年出版。

对施暴者来说，没有人格类型方面的特异性，也与童年好与坏，性格粗犷或者温柔以及是否"解放思想"无关。没有任何心理学测试能测出一个人是否为施暴者。家暴也不是因为施暴者情感受伤或缺乏技能。实际上，家暴源于一个人早期的成长经历、文化修养，以及重要的同性榜样和同辈的示范作用。换句话说，家暴是价值观问题，不是心理问题。当有人挑战施暴者的态度和信念时，他会露出一贯被隐藏的、心怀蔑视和不尊重人的价值观，并且在私底下攻击他的伴侣。施暴者试图让所有人（包括伴侣、心理治疗师和亲朋好友）关注他的感觉，这样他们就不会注意他的做法，也许是因为他或多或少知道，如果别人看清了问题的本质，就会摆脱他的掌控。

因此，在日常生活中，记住以下五个重要观点。

第一，家暴源自个体的态度和价值观，而不是感觉。属于感是家暴的根，权利感是家暴的干，控制欲是家暴的枝。

第二，家暴和尊重是对立的。除非施暴者战胜了自己对伴侣的不尊重，不然施暴者不会改变。

第三，施暴者比任何人都清楚自己的行为。即便是最无意识的家暴行为，也都受施暴者的价值观的驱使。

第四，施暴者不是不能改，而是不愿意改。施暴者不愿放弃权力和控制力。

第五，你没有疯。当你遭遇家庭暴力时，在你的伴侣如何对待和看待你这个问题上，要相信自己的感觉和判断。

记下你的心得体会

【小贴士】

应对家庭暴力的法律条文

1.《中华人民共和国民法典》第一千零四十二条规定，"禁止家庭暴力。禁止家庭成员间的虐待和遗弃。"《中华人民共和国反家庭暴力法》第十三条规定，"家庭暴力受害人及其法定代理人、近亲属可以向加害人或者受害人所在单位、居民委员会、村民委员会、妇女联合会等单位投诉、反映或者求助。有关单位接到家庭暴力投诉、反映或者求助后，应当给予帮助、处理。家庭暴力受害人及其法定代理人、近亲属也可以向公安机关报案或者依法向人民法院起诉。单位、个人发现正在发生的家庭暴力行为，有权及时劝阻。"

2.《中华人民共和国民法典》第一千零七十九条规定，"夫妻一方要求离婚的，可以由有关组织进行调解或者直接向人民法院提起离婚诉讼。"有"实施家庭暴力或者虐待、遗弃家庭成员"情形，调解无效的，应当准予离婚。换句话说，家庭暴力可以作为离婚的法定事由，家庭暴力的受害者可以以受到暴力侵害为由提出离婚，这是法律赋予受害人的一项权利。

3. 根据《中华人民共和国民法典》第一千零九十一条的

规定，"有下列情形之一，导致离婚的，无过错方有权请求损害赔偿：（一）重婚；（二）与他人同居；（三）实施家庭暴力；（四）虐待、遗弃家庭成员；（五）有其他重大过错。"

4.《中华人民共和国民法典》作为民事法律的成文法，不就家庭暴力行为规定单独的罪名，家庭暴力行为是否构成犯罪以及如何处罚，必须通过《中华人民共和国刑法》来确定。例如，《中华人民共和国刑法》规定了虐待家庭成员、故意杀人等罪，若家庭暴力符合某一种罪的构成要件，便可以依照《中华人民共和国刑法》关于该罪的规定予以处理，受害人可以依法获得有效救助。

情感勒索

情感勒索是一种不经意的、隐晦的心理操控。情感勒索比较难以识别，非常令人困扰。有些情感勒索者的主观意图明显，有些情感勒索者的主观意图混沌不明，他们看起来往往很和善，只在某些时候才会使出情感勒索的手段。因此，想在亲密关系中看清情感勒索就变得更加困难了。

情感勒索的特征

心理学家福沃德（Susan Forward）以六个阶段来分析情感勒索的特征：要求、抗拒、施压、威胁、顺从、重复。

第一阶段：要求

一开始，情感勒索者会轻描淡写地提出要求，甚至师出有名，令对方很难反驳。

如果你的恋人是情感勒索者，他／她不希望你跟别人出去玩，他／她可能会先明确表示："我认为你不应该再跟 A 出去玩了。"

当你真的跟 A 出去玩时，你的恋人会再次跟你强调他／她的要求。

接着，情感勒索者会解释他／她提出这样要求的原因，这些原因听起来似乎非常合理。

如果你问你的恋人："A 这个人有什么问题吗？"他／她可能会说："我不喜欢 A 看你的眼神，我觉得 A 对你有敌意，他不是好人。"

需要注意，即使情感勒索者的出发点确

记下你的心得体会

实是善意的，但这也无法改变情感勒索者提出的要求是一种控制和命令的本质。

第二阶段：抗拒

如果被勒索者不从，情感勒索者可能会很生气。为了躲开情感勒索者的负面情绪，被勒索者通常会回避、拒绝情感勒索者的要求。

如果朋友想开你的车，但他没有保险，你原本可以直接说："因为你没有保险，所以我不想让你开我的车。"

但你为了避免与朋友产生正面冲突，所以你可能会采取"忘记帮车子加油""忘记留车钥匙给对方""顾左右而言他"等行动来拒绝朋友的要求。

第三阶段：施压

即便在健康的亲密关系中，人们也会适度地表达自己的需求。一般来说，如果提出要求的一方感受到另一方的拒绝，那么提出要求的一方多半会放弃或努力找到一个皆大欢喜的解决办法。

然而，情感勒索者遭到拒绝后，会进入第三阶段——施压。施压的手段包括：

- 不断重复他的要求，而且义正词严（例如，我是在为我们的未来着想）。

- 给对方的行动设立前提（例如，如果你够爱我，你就会听我的话）。

- 列举自己若被拒绝，会发生哪些负面的事情，给对方压力（例如，如果你不接受的话，我会难过，会吃不下饭，睡不好觉）。

- 批评、贬低对方的价值（例如，你想要经济独立？可是你没有那个本事）。

第四阶段：威胁

情感勒索的第四阶段是"威胁"，包括直接威胁和间接威胁。例如，如果你今天跟朋友出去玩，你回来绝对找不到我了（直接威胁）；如果你今晚不陪我，那么我就去找别人来陪（间接威胁）。情感勒索者会多次重申或暗示，如果不接受他/她的提议，你会付出让这段亲密关系变糟的代价。

在情感勒索中，威胁也包含"利诱"。例如，你今天待在家里，一定会比你出去玩更好，而且这对我们的感情来说，是非常重要的。虽然利诱听起来不像情感勒索，但利诱的意图仍然是出于操控。

第五阶段：顺从

当情感勒索进入到第五阶段"顺从"时，情感勒索者就成功一半了。此时，被勒索者会屈服、让步，接受情感勒索者提出的要求，甚至开始思考：

"他／她的要求真的很过分吗？或许我不该拒绝，这其实也没什么。"

通过一次次的施压和威胁，被勒索者最终抵挡不住压力，选择顺从。一旦被勒索者选择顺从，冲突就会告一段落，情感勒索者达到自己的目的，一时之间，一切仿佛回归平静。然而，这只是情感勒索循环的开始。

第六阶段：重复

当你让对方知道，自己会因为对方的情感勒索而屈服时，对方就已经掌握了你的心态，知道未来要如何继续操控你，这使情感勒索进入第六阶段"重复"。对方甚至发现，什么样的情感勒索手段最有用、效果最好，于是不断使用相同的手段对你进行情感勒索。

长期遭受情感勒索，被勒索者会渐渐习

记下你的心得体会

惯于屈服，在心中埋下服从的种子，觉得拒绝和抵抗很费劲，顺着情感勒索者的话就好。被勒索者也会下意识地认为，情感勒索者的爱是有条件的，必须服从对方，听对方的话，才能得到这份爱，否则就会被对方抛弃。

情感勒索的类型

常见的情感勒索有以下三种类型。

第一种：价值感剥夺——你如此糟糕，离开我你无法活得好

情感勒索者会剥夺你所有的价值感，让你觉得自己没有价值。许多亲密关系就是这样，关系越亲密，关系中的双方越痛苦。当亲密关系的一方想要结束亲密关系时，对方可能会采取贬低和剥夺对方价值的手段挽留对方。例如，你看你自己多么糟糕，你离开我，根本找不到别的女人／男人。然后，对方会想，是啊，我这么糟糕，怎么可能找得到别的女人／男人，我还是乖乖和你在一起吧。

在婚姻中，不少女性是全职主妇，在经济上依赖另一半，与社会脱节。丈夫可能会向妻子灌输这样的观念：在这个家庭中，我

才是经济支柱，离婚后你便没有经济支持，再也过不上舒适的日子……妻子想，既然如此，虽然婚姻如此糟糕，但我还是待在婚姻中吧！

"煤气灯效应"真实犀利地揭示了亲密关系中的情感勒索现象，该术语出自 1944 年的美国电影《煤气灯》。

少女宝拉因为姑妈意外身亡继承了一大笔财产，青年格里高利为了谋取宝拉的遗产，先是向宝拉求爱，确定婚姻关系。然后再用尽各种办法，企图将宝拉逼疯。

例如，格里高利故意送给宝拉一枚胸针，让她收好，然后又偷偷将胸针藏起来；格里高利将家里的煤气灯调得忽明忽暗，却故意说没看见，让宝拉以为自己出现幻觉；格里高利将墙上的画藏起来，却说是宝拉拿走的，但宝拉不记得有这件事；格里高利制造阁楼里的脚步声，让宝拉听到，但却故意让宝拉以为阁楼是锁着的，是自己幻听了。格里高利试图将宝拉与外界隔离开来，让宝拉相信自己发疯了，并暗示宝拉，说她那因为难产而去世的母亲也有精神病。终于有一天，宝拉自己也相信自己精神失常了。

"煤气灯效应"是恶劣的、极致的心理操纵和欺骗，暗示和动摇人心是常见的心理操纵手法。所幸，在现实生活中很少有像电影中那样特别卑鄙的情感暴力、操纵和犯罪。

第二种：分离勒索——你害怕分离，我就总是跟你说分离

也许是为了孩子，也许是为了财产，也许是害怕一个人无法独立生活，也许是为了面子、人际关系、事业……许多家庭中，夫妻双方中的一方或双方都不敢提出离婚或者害怕离婚。然而，为何许多人常常把"离婚"挂在嘴边呢？可能的一个原因是：我知道你特别害怕分离，我就拼命跟你说分离；我知道你怕我跟你离婚，我就一天到晚跟你提离婚。这样一来，你很紧张、恐惧，这满足了我的需求。

第三种：道德勒索——你不满足我，说明你自私、冷漠

身绑玫瑰花的男子莫某（化名）与14

记下你的心得体会

名大学同学一起集体下跪，他们手持玫瑰，举出广告牌向某位集团董事长借款 100 万用于治病。有人赞莫某勇气可嘉，有人斥责莫某企图道德绑架，孰是孰非？其实，这也是勒索的一种形式，这是一种道德勒索。在亲密关系中，道德勒索比比皆是。道德勒索会让人感觉非常痛苦、无力，甚至感到厌恶。

虽然情感勒索也许不会威胁到人的生命，但会夺走对人来说非常珍贵的东西。

第一，剥夺人的自我完整性。自我完整性反映了个体的价值观和道德感，代表着个体的身份、原则和信念。我们清楚知道哪些事情自己愿意做，哪些事情自己不愿意做。但是，当你被情感勒索的时候，你很难在巨大的压力下捍卫自己的立场和原则，你会屈服和妥协，你的自我完整性被剥夺了。

第二，毁灭人的自尊。如果你被他人情感勒索，屈服于对方的要求，那么你可能事后会质疑和批评自己："都是我没用，我不该那么轻易地退让，我真的太差劲了，我讨厌这样的自己。我总是做自己不想做的事，让出自我控制权。"你会对自己失望，厌恶自己。在失去自尊以后，你可能更容易受情感勒索者的摆布，因为你急于通过他们的肯定来证明你并没有那么不堪。

第三，使人丧失幸福感。由于情感勒索我们的人通常是我们亲近和信赖的人，因此，情感勒索会让人陷入有苦难言的困境。当你被情感勒索的时候，你可能会压抑内心不快的情绪，用一些消极的方式表现出来。比如，你可能会因此抑郁、焦虑、酗酒、过度饮食等。

第四，影响人的心理健康。处在一段破坏性的关系当中，你的身心健康会受到严重的影响。因为情感勒索会给你带来无形的压力，当你的负面情绪无处宣泄时，你的紧张会通过生理症状表露出来。

第五，使人不信任他人。如果你曾经被人长期情感勒索，你会变得缺少安全感，不愿意信任他人。你无法向其他人展露你内心真实的想法，即使对方向你表达爱意，你也会质疑对方的爱是有条件的。你不愿意付出感情，因此你和他人缺少亲密感。

记下你的心得体会

【知识卡】

高度自我完整的人的特征

1. 坚守自己的立场。高度自我完整的人在面对不同观点和挑战时，能够坚定地保持自己的价值观和信仰，不会随波逐流或轻易妥协。

2. 不让恐惧主宰生活。高度自我完整的人有勇气面对内心的恐惧和外部的困难，不让恐惧控制自己的决策和行动。

3. 敢跟伤害他的人据理力争。高度自我完整的人知道自己的权益和边界，敢于为自己的利益而辩护，不会被他人的攻击轻易打垮。

4. 可以决定自己的生活，不让他人插手。高度自我完整的人有能力自主决定自己的生活轨迹和选择，不许他人过度干涉或支配他的生活。

5. 信守对自己的承诺。高度自我完整的人意识到诺言的重要性，对自己的承诺和目标负责，努力实现自己许下的承诺。

6. 保持身体和心理健康。高度自我完整的人重视自己的身体健康，注重心理的平衡和稳定，采取积极的生活方式来维持身心健康状态。

7. 不会背叛他人。高度自我完整的人对于自己的价值观和人际关系有明确的底线，不会背叛朋友或伙伴，为人忠诚和诚信。

8. 说实话。高度自我完整的人诚实又坦率，愿意直面真相，不会撒谎或掩饰自己的错误。

记下你的心得体会

SOS 策略

既然知道了什么是情感勒索，情感勒索从哪里来，意图是什么，我们应该怎样把知识化为行动，消除亲密关系中的情感勒索？我们要从舒适区移到非舒适区，去改变情感勒索的这一现状。在回应情感勒索者的需求之前，请你使用以下三个简单的步骤——停下来（stop）、冷静观察（observe）和制订策略（strategize），简称 SOS。

步骤一：停下来

你不必立刻回应情感勒索者的要求。这听起来很简单，做起来却不太容易，特别是对方要求你给予答复，同时还施加压力时。因此，随时激励自己并作好停下来的心理准备，就变得很重要了。

到底要如何做到"停下来"呢？首先，你需要在远离压力的前提下给自己一段思考的时间。为了争取这段思考的时间，你需要学会让自己的步调慢下来，以及给你争取一些时间的拖延话术。不论情感勒索者的要求是什么，你可以先用下面几句话回应对方：

- 我现在不能给你任何答案，我需要一些时间思考。
- 这件事非同小可，我不能轻易作决定，让我想一想。
- 我不想现在就作决定。
- 我不太确定我对你的要求有什么看法，我们稍后再谈好吗？

一旦情感勒索者对你提出要求，你就可以使用拖延话术。如果他们要求你尽快回复，你还是可以用同样的拖延话术回应，以不变应万变。那么到底该拖多久？很明显，需要你付出越多或越复杂的事情，你拖延的时间就要越久。

步骤二：冷静观察

冷静观察情感勒索者及其提出的要求。

对方到底想要什么？对方是怎样提出这种要求的？是含有爱意、语带威胁，还是很不耐烦？描述一下当时的状况。如果你没有马上妥协，对方会有什么反应？想想他们的面部表情、语调和肢体语言，尽量描述仔细。对方的眼神是怎么样的？他们的手和手臂放在哪个位置？跟你说话时，他站在哪里？有没有使用什么手势？整体情绪状态如何？

尽量把你想到的都写下来。

步骤三：制订策略

第一，用非防御性沟通来宣布你的决定。非防御性沟通指的是沟通中不带有攻击性，不使用过激的词语，以缓和紧张的气氛。比如说："对不起让你这么生气，我理解你的心情，等你平静下来，我们再聊。"

记下你的心得体会

117

第二，化敌为友。邀请对方一起解决问题，请求对方给予帮助，比如说："你能不能告诉我，为什么这一点对你这么重要。"

第三，条件交换。当你希望对方改变行为时，你也要改变自己——这种交换必然会按顺序发生。我们还是小孩子的时候，都有过类似的交换，比如，拿两本漫画书换一支笔，放弃某些东西的同时，换取等值的物品。这种条件交换策略的最大作用在于，它排除了"改变的压力必须全落在一个人肩上"这种认知。在条件交换中，没有付出就没有获得，没有人会是输家。

第四，运用幽默。以幽默的方式抒发你对对方行为的感受。让双方放松，减少冲突。

经过 SOS 的三个步骤，我们可以清楚地看清情感勒索这层迷雾，并能走出迷雾。为了彻底消除那些不愉快的情绪和感觉，你还要摆脱自身的情绪困扰，即解除恐惧感、责任感和罪恶感。我们对恐惧感、责任感和罪恶感一点都不陌生。我们或多或少都会因为什么而感到害怕；我们都肩负着某些责任和义务，我们也认识到自己需要对家人负责；我们都有一定程度的罪恶感，希望能使时光倒转，好让自己避免作出伤害他人的举动，或是不再后悔还有一大堆事尚未完成。这是我们与人相处时不可避免会产生的情绪、情感。然而，更重要的是，我们要知道如何与恐惧感、责任感和罪恶感共处，而不是任由它们支配。

【小贴士】

《中华人民共和国民法典》

2020 年 5 月 28 日，第十三届全国人民代表大会第三次会议通过了《中华人民共和国民法典》，自 2021 年 1 月 1 日起施行。《中华人民共和国民法典》被称为"社会生活的百科全书"，是按照一定的体系结构将我国各项基本的民事法律制度加以系统编纂而成的规范性文件，是新中国第一部可真正称为"典"的法律，效力位阶仅次于宪法，在我国法律体系中居于基础性地位。它是市场是市场经济的基本法，是市民生活的基本行为准则，是法官裁判民商事案件的基本依据。民法典共 7 编，1 260 条，10 万余字，各编依次为总则、物权、合同、人格权、婚姻家庭、继承、侵权责任。另外，还有附则。

小结

1. 家庭暴力，即家暴，指在家庭关系中发生的一切暴力行为。

2. 情感勒索是一种不经意的、隐晦的心理操控。情感勒索具有六个阶段：要求、抗拒、施压、威胁、顺从、重复。常见的情感勒索有：价值感剥夺、分离勒索、道德勒索。个体在面临情感勒索时，可以采用 SOS 策略，即停下来、冷静观察和制订策略。

反思·实践·探究

1. 回忆一下，你在成长过程中是否有过家庭暴力经历？它对你造成了什么样的伤害？

2. 面对情感勒索，你应该怎么处理？